职业院校项目课程系列教材

机械识图与 AutoCAD 技术基础实训教程（第 2 版）

魏　勇　主编

电子工业出版社

Publishing House of Electronics Industry

北京·BEIJING

内 容 简 介

本教材采用"任务驱动法"编写,为初学者设计了典型的机械绘图实例。全书以 AutoCAD 2012 中文版为平台,由浅入深地引导读者学到真正有效的绘图方法和技能,并为绘制机械图样打下坚实的基础,同时养成良好的绘图习惯。本书主要内容包括:绘制简单几何图形,绘制基本几何体及其切割体视图,绘制基本组合体视图与相贯线,剖视图和断面图的表达与图案填充,输入文字、表格与标注尺寸、公差,块操作和标准件,绘制零件图,绘制装配图,绘制轴测图,三维实体造型,输出图形。本书内容浅显、易懂、实用、突出计算机绘图能力培养,书中融入作者多年绘制机械零件图样的经验和绘图技巧。

本书内容编排充分考虑职业院校学生的基础,注重职业技能的培养,便于推行研究性教学,同时适合自学,可作为广大中、高等职业院校和技工院校数控等机械类专业教材,也可作为计算机绘图的培训教材及有关技术人员、有志自学计算机绘图知识人员的参考书。

为便于教学和自学,本书配有电子教学参考资料包,包含教学指南、典型实例操作过程屏幕录像、习题参考答案或提示、基础练习题,详见前言。

图书在版编目(CIP)数据

机械识图与 AutoCAD 技术基础实训教程/魏勇主编. —2 版. —北京:电子工业出版社,2011. 11
职业院校项目课程系列教材
ISBN 978-7-121-14076-1

Ⅰ. ①机… Ⅱ. ①魏… Ⅲ. ①机械图–识别–职业院校–教材 ②AutoCAD 软件–职业院校–教材
Ⅳ. ①TH126. 1 ②TP391. 72

中国版本图书馆 CIP 数据核字(2011)第 135646 号

策划编辑:白 楠
责任编辑:张 凌
印　　刷:涿州市京南印刷厂
装　　订:涿州市桃园装订有限公司
出版发行:电子工业出版社
　　　　　北京市海淀区万寿路 173 信箱　邮编 100036
开　　本:787×1 092　1/16　印张:13. 75 字数:352 千字
印　　次:2011 年 11 月第 1 次印刷
印　　数:3 000 册　定价:26. 00 元

第 2 版前言

"机械识图与 AutoCAD 技术"是一门实践性较强的专业基础课。不通过实际训练操作，是很难掌握其应用的。

本教材是与《机械识图与 AutoCAD 技术基础》一书配套使用的实训教材，既体现了实训教材的特点，又独具特色，注重实效，自成体系，以便更好地为读者服务。教材内容由"11 个模块"组成，每一个模块相对独立，又相互联系，内容上力求循序渐进，由浅入深。编写方式以便于理解和快捷实用相结合，使读者通过实训，不仅可以用最短的时间学到真正有效的绘图方法，解决实际问题，而且能打下坚实的绘图基础，养成良好的绘图习惯，达到中级制图员的水平。

本教材充分体现以读者为本的新理念，使用命令时，没有在一开始罗列绘图和编辑命令的全部功能，而是将常用命令放在绘制典型图形的过程中，让读者在上机操作中，通过一定量的重复调用命令熟练掌握。操作结果和原教材内容相互印证，互为补充，易于理解，能够加深读者印象。本书增加了轴测图、三维建模训练和在图纸空间打印输出等内容，教学中可根据需要酌情删减。书中还将不属于基本操作，但在工作中也会遇到的问题放在各模块后面做简要介绍，以满足部分读者的特殊需要。

AutoCAD 绘图软件的诞生和发展，推动了工业设计的进步。从 1982 年 AutoCAD 1.0 发布以来，软件经历了 20 多次升级，其中具有代表性的版本有 R12、R13、R14、2000、2002、2004、2006。2011 年 3 月，美国 Autodesk 公司推出了 2012 版。此版本的主要特点是提高了三维绘图的功能和易用性。本书主要以 AutoCAD 2012 为平台进行讲解，但也同样适合 AutoCAD 2008 等以前或以后版本环境下的使用。

本书由魏勇担任主编（第 1、2、7、8、9、10、11 模块），荆苏婉（第 3、4、5、6 模块）参与编写，王猛担任主审。本书在编写中还得到了江苏大学陈章耀教授的指导和大力帮助，在此深表谢意！

限于编写时间仓促和编者水平有限，本教程中若有错误或不妥之处，恳请读者给予批评指正。

为了方便教师教学和读者学习，本书还配有教学指南、电子课件、典型实例操作过程屏幕录像、习题参考答案或提示、基础练习题（电子版）。请有此需要的教师登录华信教育资源网（www.hxedu.com.cn）免费注册后再进行下载，有问题时请在网站留言板留言或与电子工业出版社联系（E-mail：hxedu@phei.com.cn）。

编　者

2011 年 10 月

目 录

模块 1

绘制简单几何图形

1.1 项目分析

【项目结构】

本模块包括熟悉 AutoCAD 的基本操作界面、绘制正方形、圆形、正方形内接（外切）圆、正多边形等任务。

【项目作用】

通过本模块的训练，熟悉 AutoCAD 软件的基本操作和操作界面，了解完成一项基本绘图任务的多种方法，初步掌握"对象捕捉"功能，为进一步掌握较复杂图形的绘制打下基础。

【项目指标】

（1）掌握 AutoCAD 软件的基本操作：启动、关闭、存盘、打开及绘图前图形界限的设置。

（2）熟悉 AutoCAD 操作界面的构成、各组成部分的主要用途，会打开和自定义工具栏。

（3）掌握直线、圆、多边形等命令。

（4）初步掌握"对象捕捉"工具的设置和使用。

1.2 相关基础知识

1. 机械制图国家标准关于图线的规定

我国现行的图线专项标准有两项，即 GB/T 4457.4—2002《机械制图 图样画法 图线》和 GB/T 17450—1998《技术制图 图线》。在绘制机械图样时，应在不违背 GB/T 17450 的前提下，贯彻 GB/T 4457.4 中的有关规定。国家标准（GB/T 17450—1998）规定了 15 种基本线型，并允许变形、结合而派生出其他图线。机械图样中常用线型的名称、形式及应用如表 1-1。

表 1−1　基本线型

图线名称	图线型式	图线宽度	主要用途
粗实线		b	可见轮廓线
细实线		约 $b/3$	尺寸线，尺寸界线，剖面线，引出线
波浪线		约 $b/3$	断裂处的边界线，视图和剖视的分界线
对折线		约 $b/3$	断裂处的边界线
虚线		约 $b/3$	不可见轮廓线
细点画线		约 $b/3$	轴线，对称中心线
粗点画线		b	有特殊要求的表面的表示线
双点画线		约 $b/3$	假想投影轮廓线，中断线

所有线型的图线宽度 b 按图样的类型和尺寸大小在 0.13、0.18、0.25、0.35、0.5、0.7、1、1.4、2（单位为 mm）数系中选择。在机械图样上采用粗、细两种线宽，其线宽的比率是 2:1。在同一图样中，同类图线的宽度应一致。虚线、点画线及双点画线的线段长度和间隔应该大致相等。在较小的图形上绘制点画线有困难时，可用细实线代替。

2. AutoCAD 绘图软件默认的线宽

AutoCAD 软件启动后，绘图区即以"0 层"作为当前图层，默认线宽为 0.25mm，线型为"连续"型，颜色为白色。

NOTICE 注意

关于图层的概念和操作在模块 2 中介绍。

1.3　任务 1——认识界面，自定义界面元素

【任务要求】

（1）启动 AutoCAD 2012，了解软件的工作空间，熟悉 AutoCAD 2012 窗口界面。
（2）练习切换工作空间。
（3）练习开、关工具栏。
（4）练习在"三维建模"工作空间显示菜单栏。

【思考问题】

AutoCAD 软件和你用过的其他绘图软件，如 Word、Photoshop 等有哪些异同？

参考答案

AutoCAD 绘图软件属于矢量图软件，类似的软件还有 Illustrator 等，而 Photoshop 和 Windows 自带的"画图"软件属于位图软件。这些软件虽用途不同，但是有很多共性，如菜单栏一般都放置在界面的上方，都有常用工具的工具栏等。因此如果已经学过一种计算机

软件，再学习其他软件时，可联系前面的知识学习新软件，以提高学习效率。

【操作步骤】

1. 启动 AutoCAD 2012 软件，熟悉 AutoCAD 2012 界面

（1）双击 AutoCAD 2012 快捷图标，进入 AutoCAD 2012 用户界面，如图 1－1 所示。

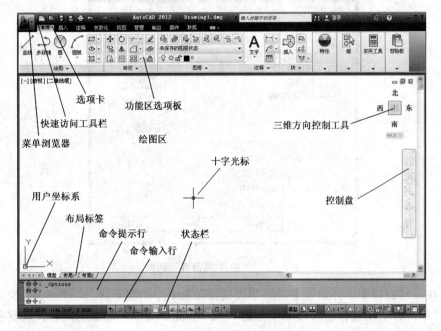

图 1－1　AutoCAD 2012 用户界面

单击快速访问工具栏右侧的"▶▶"按钮，展开"工作空间"选项菜单，如图 1－2 所示。AutoCAD 2012 提供了"草图与注释"、"三维基础"、"三维建模"、"AutoCAD 经典"四种工作空间模式。要切换工作空间，只要在图 1－2 所示菜单中单击所需进入的工作空间即可。也可在底部状态栏上单击"切换工作空间"，单击所需进入的空间。

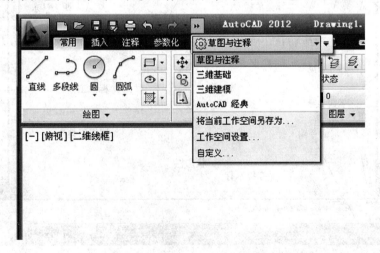

图 1－2　"工作空间"选项菜单

NOTICE 注意

在"工作空间"选项菜单中，单击"工作空间设置"后就可进入工作空间设置对话框，如图1-3所示。

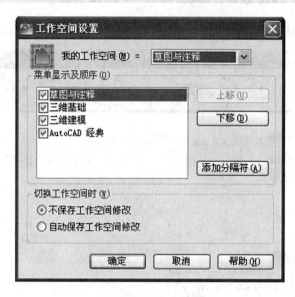

图1-3 工作空间设置对话框

（2）在软件窗口中，分别单击"菜单浏览器"按钮、"功能区选项板"、"快速访问工具栏"，并单击各"功能区选项板"下方的"▼"按钮，显示出隐藏的内容，观察各选项。

（3）将工作空间切换到"AutoCAD经典"界面，AutoCAD经典界面窗口中各区域的名称如图1-4所示。

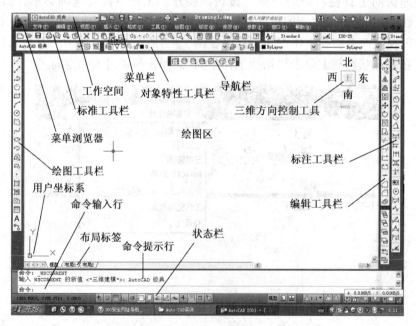

图1-4 AutoCAD经典界面

NOTICE　注意

考虑到目前不少职业学校教学平台采用 AutoCAD 2004、2006、2007 等版本，故本教材主要以 AutoCAD 经典界面为绘图环境叙述。建议初学者在熟悉 AutoCAD 新版本的基础上，仍应掌握"AutoCAD 经典界面"下的操作。

（4）将光标移向"绘图工具栏"或"编辑工具栏"（窗口左、右两侧）的顶部，再按下鼠标左键并拖动鼠标，观察工具栏的移动情况。

（5）鼠标指向某一绘图工具，如"直线"工具，观察屏幕显示该工具的名称和提示，如图 1-5 所示。单击某一绘图工具，如"直线"工具，观察命令提示行的变化。

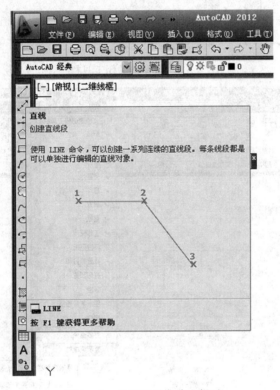

图 1-5　显示工具名称和提示

2. 打开和关闭工具栏

在 AutoCAD 经典界面中，可将光标移至已打开的任一工具栏上，按下鼠标右键，将出现工具栏的快捷菜单，单击选择任一没有"√"号的菜单项，可打开对应的工具栏；反之，单击选择任一有"√"号的菜单项，则关闭该工具栏，如图 1-6 所示。

3. 在"三维建模"工作空间显示菜单栏

单击快速访问工具栏右侧的"▶▶"→"▼"，出现"自定义快速访问工具栏"，在下拉菜单中单击"显示菜单栏"，即可调出菜单栏，如图 1-7 所示。

图 1-6　显示或关闭工具栏

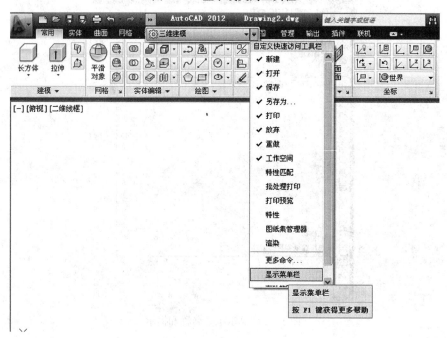

图 1-7　显示菜单栏

4. 关闭程序

单击标题栏右上角的"$\boxed{\times}$"按钮，关闭 AutoCAD 2012 程序。

【知识链接与操作技巧】

（1） AutoCAD 2012 以前的某些版本也可通过以下方法打开和关闭工具栏。

①单击"视图（V）"→"工具栏（O）"，弹出对话框。

②在"工具栏"列表中单击"工具栏"选项前的方框，显示"×"，则在界面上出现此工具栏，再次单击将清除"×"，即可关闭此工具栏。

③设置完成后，单击"关闭"按钮关闭对话框。

（2）AutoCAD 2012 的绘图和编辑工具栏默认放在左、右两侧，可根据需要拖放到其他位置。方法是移动光标到工具栏顶部，按下鼠标左键不放，拖到需要处放开左键即可。

（3）在菜单中凡右侧带有"▶"的菜单项，表明该菜单项有下一级子菜单；带"…"的菜单项，表示执行该菜单项后会弹出对话框。

（4）在"AutoCAD 经典界面"中可根据需要布置"三维建模"相关工具栏，此内容详见模块 10。

【小结】

作为初学者，一开始应主动探索 AutoCAD 软件的基本功能，可尝试各按钮的作用，单击 F1 功能键，借助软件的"帮助"菜单，可学习软件的相关知识。

1.4 任务2——绘制矩形

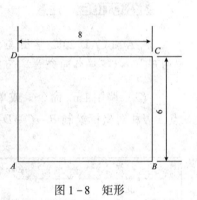

图 1-8 矩形

【任务要求】

（1）启动 Auto CAD 软件，设置模型空间界限为：长 12，宽 9。

（2）用直线（Line）命令绘制如图 1-8 所示的图形（不标尺寸）。

（3）以"SX1-001. dwg"命名，存盘。

（4）用"实时缩放"和"平移"模式，缩放和平移图形，观察结果后再退出。

（5）关闭文件。

【思考问题】

（1）计算机绘图相比传统的手工绘图有哪些优点？

（2）AutoCAD 软件的作图区空间有多大？

（3）何谓图形界限？绘图前是否一定要设置图形界限？

参考答案

问题 1：传统的出图程序首先由工程技术人员在白图纸上绘制图样，由描图员以白图纸上的图样为基础描图，再晒出蓝图。手工制图就是在白图纸上用铅笔绘图。计算机绘图显然有许多优点，如易修改、效率高、出图方便、易保存等，尤其是通过互联网可方便地实现资源共享和协作。

问题 2：AutoCAD 绘图软件的作图区域是无限大的，可以对它进行平移、缩放。在作图区的左下方，系统默认有"模型"、"布局 1"和"布局 2"三个选项。

问题 3：在 AutoCAD 中，"图形界限"是用于设置"绘图区域"大小的工具。在绘制图样时，绘图区域应设置为工程制图国标中的图纸幅面，如 420×297。实践中，许多绘图员并不在一开始就指定绘图区域，而是在作图区域中设置图层后，直接将多幅图绘制在一张图上保存。需要打印输出时，在布局空间绘制图框、标题栏，或使用图形样板。因此，绘图前并非一定要设置图形界限。但初学者通过图形界限的设置，可加深对"图幅"的理解，便于使用"栅格"捕捉作图或检查。

【操作步骤】

1. 方法1——相对直角坐标法

（1）新建一张图。单击"文件（F）"→"新建（N）"，或在命令行状态下输入命令"new"，按回车键，在弹出的"选择样板"对话框中选择"默认样板"，即"acadiso.dwt"样板，再单击"打开"按钮。输入图形界限命令"Limits"，按回车键，这时在命令提示行出现"重新设置模型空间界限"，在命令输入行的"指定左下角点或 [开（ON）/关（OFF）] <0.0000，0.0000>："后，按回车键。在命令输入行"指定右上角点 <420.0000，297.0000>："后，输入"12，9"，按回车键。或单击菜单"格式（O）"→"图形界限（A）"进行设置。然后输入"Zoom"，按回车键，输入"a"，再按回车键，或单击"视图（V）"→"缩放（Z）"→"全部（A）"，使图幅满屏。

NOTICE 注意

在 AutoCAD 2012 草图与注释界面中，单击"菜单浏览器"按钮，执行"新建"→"图形"，以下操作同经典界面下的操作。

（2）调用 Line 命令，或单击"直线"工具图标 ╱，或输入"L"，以绝对坐标输入 A 点，以相对坐标绘制 B→C→D→A，其输入点的坐标如表1-2所示。

表1-2　相对直角坐标法输入点的坐标

点	Line 命令，绝对坐标	Line 命令，相对坐标
起点 A	2，1.5	
B		@8，0
C		@0，6
D		@-8，0
回到 A		@0，-6 或输入 C，按回车键或单击鼠标右键

小提示　绘制直线时，先给命令，接着输入起点的坐标，再输入终点的坐标，结束的方式可以按回车键确认，或单击鼠标右键，在弹出的菜单项中选择"确认（E）"。在 AutoCAD 2012 草图与注释界面中，单击绘图面板中的"直线"工具绘制直线。

（3）存盘。单击"文件（F）"→"保存（S）"，在弹出的窗口中选择文件保存的路径，输入文件名"SX1-001"，选择文件格式，默认为"dwg"，然后单击"保存"按钮。

NOTICE 注意

在 AutoCAD 2012 草图与注释界面中，单击"菜单浏览器"，再单击"保存"按钮。

（4）在保存位置双击打开保存的文件"SX1-001.dwg"，输入"Z + 空格 + 空格"可进行实时缩放，即先输入"Z"，再按两次空格键，或单击实时缩放按钮 🔍，滚动鼠标滚轮或按住鼠标左键移动光标，放大或缩小图形，单击鼠标右键，在弹出的选项中选择"退出"。

（5）输入平移命令"P"，或单击实时平移按钮，按住鼠标左键，平移图。

（6）单击窗口右上角的"×"，关闭程序。

2. 方法2——相对极坐标法

（1）新建一张图，用Limits命令设置图幅为12×9，然后采用"Zoom"→"All"命令使图幅满屏。

（2）用Line命令，以相对极坐标绘制，其输入点的坐标如表1-3所示。

表1-3 相对极坐标法输入点的坐标

点	Line命令，绝对坐标	Line命令，相对坐标
起点A	2，1.5	
B		8<0
C		6<90
D		8<180
回到A		6<270 或输入C，按回车键确认

（3）以"SX1-001"命名，存盘。

以下步骤同方法1。

3. 方法3——极轴捕捉法

（1）新建一张图，采用Limits命令设置图幅为12×9，然后采用"Zoom"→"All"命令使图幅满屏。

（2）按F10键，进入极轴捕捉方式。

（3）输入"Line"命令，输入起点坐标"2，1.5"，用极轴捕捉的方式绘图，将鼠标右移，当指针附近出现"极轴：*.****<0°"时输入"8"，按回车键，得到第2点，如图1-9所示。其余各点绘制如表1-4所示。

（4）以"SX1-001"命名，存盘。以下步骤同方法1。

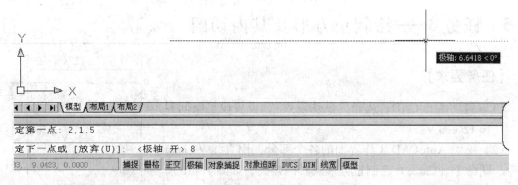

图1-9 极轴捕捉

表 1-4　极轴捕捉法绘制过程

点	Line 命令，绝对坐标	Line 命令，极轴捕捉方式
起点 A	2，1.5	
B		移动鼠标，当捕捉到 0°时，输入长度 8
C		移动鼠标，当捕捉到 90°时，输入长度 6
D		移动鼠标，当捕捉到 180°时，输入长度 8
回到 A		移动鼠标，当捕捉到 270°时，输入长度 6；或直接按 "C" 键，按回车键

【知识链接与操作技巧】

（1）AutoCAD 2012 的坐标系统包括相对坐标系和绝对坐标系，系统默认为绝对坐标系。

（2）执行 AutoCAD 2012 的基本绘图命令有五种基本途径：菜单法、工具按钮法、命令输入法、快捷键（命令缩写）法和重复执行命令法。例如，执行 "直线（Line）" 命令，可从菜单 "绘图（D）" → "直线（L）" 执行命令；也可单击工具栏中的 "直线" 按钮；还可直接从命令行输入 "L"；如果刚执行完画直线命令，按回车键将重复执行画直线命令。显然，通过实践不难发现，一般情况下，快捷键法是效率较高的。因此，读者应逐步熟悉常用的快捷键（缩写命令），以便提高绘图速度。AutoCAD 常用快捷键见本教材附录 A。

（3）极轴捕捉模式的使用，可有效提高作图效率。

（4）在绘制直线时，当绘制完两条或两条以上线段时，输入 "C" 后按回车键可使最后一条线段和第一条线段的起点闭合。在提示状态下，直接按回车键可结束当前绘图命令。

（5）在绘制直线时，如果在绘图过程中错误地输入了一个点，那么可以在 "指定下一点："状态下输入字符 "U"，将输入的点删掉，并且等待用户重新输入另一个点。如果想要清除多个点，只需要多次在 "指定下一点："状态下输入字符 "U"，并按回车键即可。

【小结】

（1）用 AutoCAD 绘图时，方法往往不是唯一的，在实践中应不断总结出更方便快捷的方法，以提高绘图效率。例如，绘制水平或垂直线段时，可在正交模式下（切换键 F8）直接输入线段的长度即可。

（2）以上三种方法，在输入第一点 A 时，都理解为绝对坐标法。

1.5　任务 3——绘制正方形及其内切圆

【任务要求】

（1）启动 AutoCAD，选择 "默认设置"，设置模型空间界限为：长 12，宽 9。

（2）熟悉 AutoCAD 工作界面的各个部分，用直线（Line）命令、圆命令（Circle）绘制正方形及其内接圆，如图 1-10 所示（不标尺寸）。

（3）以 "SX1-002.dwg" 命名，存盘。

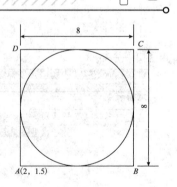

图 1-10　正方形内切圆

【思考问题】

AutoCAD 软件绘制矩形有几种方法？它们绘出的图线有何区别？

参考答案

AutoCAD 软件绘制矩形可以用任务 1 中的方法，也可用绘制矩形（快捷键 R）的方法。后者绘出的矩形为一个复合对象。如果要得到与前者相同的四根线段组成的矩形，可单击"分解（X）"命令工具 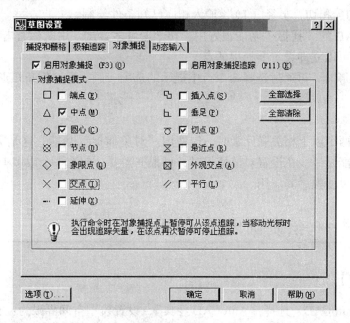。

【操作步骤】

（1）绘制正方形 *ABCD*。

①单击矩形工具，在出现提示"输入第一个角点"时，输入角点 *A* 的绝对坐标值（2，1.5）。

②在命令提示行输入角点 *C* 的相对坐标值（@8，-8）。

（2）绘制正方形 *ABCD* 的内接圆。

①设置"对象捕捉"。单击"工具（T）"→"绘图设置（F）"菜单项，弹出"草图设置"对话框，选择"对象捕捉"标签，勾选"启用对象捕捉"，在圆心（C）、切点（N）、中点（M）前打钩，如图 1-11 所示，其余不选。

图 1-11   草图设置对话框

②执行菜单命令"绘图（D）"→"圆（C）"→"圆心/半径（R）"，或单击"绘图具栏"上的"圆"按钮 ⊙，或输入"Circle"（快捷键 C）圆命令。

③按 F10 功能键，或单击状态栏中的"极轴"开关，打开极轴追踪捕捉功能，选择"仅正交追踪"。

④将鼠标指针放到已绘制的正方形一边的中点（不按下），即出现一条追踪线，紧接着

再将指针放到相邻的一边中点，又出现另一条追踪线。两相互垂直的追踪线的交点即为圆心，如图 1 - 12 所示。

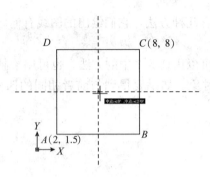

图 1 - 12　极轴追踪

⑤单击上述圆心，再将指针移到正方形的任一边中点附近，即出现捕捉到的切点，单击即可精确地绘制出内接圆。

【知识链接和操作技巧】

（1）绘制正方形，也可单击"正多边形"工具，在提示"输入的边数"后输入 4。

（2）AutoCAD 的基本绘图命令圆（Circle）的绘制，可根据命令行提示"三点（3P）/两点（2P）/相切、相切、半径（T）"输入相应已知条件绘制。

（3）AutoCAD 的"捕捉"功能很好用，初学者可多尝试，用鼠标右击状态栏上的"对象捕捉"按钮，可以立即设置要捕捉的点。

（4）绘制矩形时，可通过选择命令行中提示的选项，画矩形、倒角矩形和圆角矩形。

【小结】

绘制两个或两个以上相关联元素时，应使用"对象捕捉"功能。这是 AutoCAD 软件精确绘图的重要功能之一。在设置对象捕捉时，可根据需要，勾选一个或多个选项。对各选项可多做些练习，以便熟悉其应用。

1.6　任务 4——绘制圆内接、外切六边形

【任务要求】

（1）启动 AutoCAD，选择"AutoCAD 经典"，设置模型空间界限为：长 12，宽 9。

（2）用正多边形（Polygon）命令、圆命令（Circle）绘制圆及其内接六边形和外切六边形，如图 1 - 13 所示（不标尺寸）。

（3）以"SX1 - 003. dwg"命名，存盘。

【思考问题】

（1）AutoCAD 软件绘制正多边形的边数有多少？

（2）AutoCAD 软件绘制正多边形的方法有几种？

（3）AutoCAD 软件默认的旋转方向是什么方向？

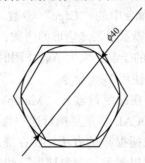

图 1 – 13　圆内接、外切六边形

参考答案

问题 1：AutoCAD 软件绘制正多边形的边数 3 ~ 1024。

问题 2：AutoCAD 软件绘制正多边形有两种方法。一种是输入任一边的长度，即输入一条边的两端点；另一种则是以一个圆为基准，绘制出该圆的内接或外切正多边形。值得指出的是，这一"基准圆"不一定是实际存在的圆。

问题 3：AutoCAD 软件默认的旋转方向是逆时针方向。

【操作步骤】

（1）绘制圆。

单击圆工具按钮，确定圆心，在图中间位置单击，再输入半径"50"，按回车键。

（2）绘制内接于圆的六边形。

①设置"对象捕捉"。方法是：单击"工具（T）"→"草图设置（F）"菜单项，单击"对象捕捉标签"，弹出"草图设置"对话框，选择"对象捕捉"标签，选圆心（C）、象限点（Q）。

②单击"多边形"工具 ⬡，或输入多边形命令"Polygon"，输入多边形的边数 6；将鼠标指向圆，出现捕捉圆心显示，单击圆心，当在屏幕上出现"内接于圆（I）"和"外切于圆（C）"选项提示时，单击"内接于圆（I）"，再移动鼠标指针到圆的左象限点，出现黄色捕捉提示时，单击即可。

NOTICE　注意

AutoCAD 2000 等早期版本在屏幕上无提示，只在命令提示行中提示。

（3）绘制外切于圆的六边形。

①设置"对象捕捉"为"圆心"和"象限点"。

②单击"多边形"工具，输入多边形的边数 6；将鼠标指向圆，出现捕捉圆心显示，单击圆心，再从提示中选择"外切于圆"，移动鼠标至上象限点，当出现对象捕捉提示时，单击即可。

【知识链接与操作技巧】

（1）关于多边形的绘制：AutoCAD 能创建边数为 3 ~ 1024 的等边多边形，画图时可以选择内接圆方式或外切圆方式，一般可以直接输入边长的数值或选择端点来创建多边形。实际上，还可以通过指定多边形某条边的两个端点来绘制，这特别适用于已画出一部分图形的情况。此时，要用到"Polygon"命令中的"Edge"参数。当单击"多边形"按钮或输入"Polygon"命令后，首先需要根据提示输入多边形的边数，接下来就要选择"Edge"参数，然后捕捉两个端点即可完成多边形的绘制，大大节省作图时间。

（2）要测量两点间的距离，可使用 Dist 命令。

（3）要重复执行某个命令，可在命令行输入"Multiple"命令，在命令行提示状态下，输入要重复执行的命令。于是 AutoCAD 将重复执行这一命令，直到按 Esc 键为止。

（4）指定对象捕捉（临时对象捕捉）的方法：要在提示输入点时指定对象捕捉，可以按住 Shift 键的同时，单击鼠标右键以显示"对象捕捉"快捷菜单。

或单击"对象捕捉"工具栏上的"对象捕捉"按钮，也可在命令行上输入对象捕捉的名称。我们可将"对象捕捉"工具栏打开后拖放到绘图工具栏的旁边。打开"对象捕捉"工具栏的方法也是在任一工具栏单击鼠标右键，在右键菜单中选择"对象捕捉"。

（5）命令的输入与结束方法。

① AutoCAD 输入命令方式。

❖ 用鼠标单击工具栏输入命令。这种方法较直观，但在三维操作时不方便。

❖ 用键盘输入命令。这种方法任何时候都可用，而且往往只要输入命令的简化名，如"圆"命令"Circle"只要输入"C"。因此，这是很多绘图员最青睐的方法。

❖ 从菜单输入命令。几乎所有的命令都能在菜单中找到，在三维操作时若忘记了命令的字符，就只能从菜单输入了。不过常用命令中的"写块"命令"Wblock"在菜单中是找不到的。

❖ 如果接着上一步继续同一操作命令，只要单击鼠标右键，在右键菜单中单击"重复'××'"即可。

②结束命令的执行方式。

❖ 一条命令正常完成后会自动结束。如没有结束可按鼠标右键，在右键菜单中选"确认（E）"。

❖ 如果在命令执行的过程中要结束命令时，可以按"Esc"键。

❖ 有些命令结束时要按两次回车键，如输入"单行文字"。

【小结】

正六边形是绘制六角螺母等机械图形的步骤之一，绘制正六边形，一般以一个圆作为基准，这个圆也可以是假想的圆。

1.7 拓展延伸

 拓展知识 1——AutoCAD 软件的安装步骤和可能遇到的问题

1. AutoCAD 软件的安装步骤（以 WindowsXP 下安装 AutoCAD 2012 中文版为例）

（1）启动计算机后，关闭所有应用程序（包括杀毒软件）。将 AutoCAD 软件光盘放入光驱，自动弹出安装界面。若不然，在资源管理器打开光盘，双击 Setup. exe。若有 CD1 和

CD2 两张光盘，应先放入 CD1。

（2）在安装界面选择"单机版安装"，在"步骤一检查产品文档"中检查系统需求。若满足即可单击"单机安装快速入门"按钮进行安装。

（3）单击"安装"按钮，按提示接受协议，再填入 SN 号。

（4）单击"下一步"，安装需要的组件。

（5）选择"典型安装"，遇到提示则单击"下一步"按钮，直到完成。

（6）对于 AutoCAD 2012，第一次启动时会弹出"激活"窗口，可采用三种方式激活，以互联网在线激活为快捷。如暂不激活，可有 30 天等待时间。

2. 安装 AutoCAD 软件可能遇到的问题

操作系统为 Windows XP，AutoCAD 版本为 2000。安装时系统因版本较低拒绝安装，出现"软件与操作系统不兼容"错误提示，以至无法继续安装。

解决办法：浏览安装盘目录→用鼠标右键单击 AutoCAD 2000 文件夹中的"Setup. exe"安装文件，在弹出的快捷菜单中单击"属性"→"兼容性"选项卡，在"用兼容模式运行这个程序"复选框中打钩，并在兼容性选项中选择"Windows XP"或"Windows 2000"，再单击"确定"按钮。然后，双击 Setup. exe 即可顺利安装了。

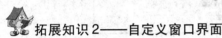

拓展知识2——自定义窗口界面

1. 更换作图区的背景颜色

系统默认作图区的背景颜色是黑色，但有时为了看清楚，或将 AutoCAD 图形应用到其他软件中，就需要更换背景的颜色。

（1）单击"工具（T）"→"选项（N）"命令。

（2）在弹出的"选项"对话框中单击"显示"标签，如图1-14所示。

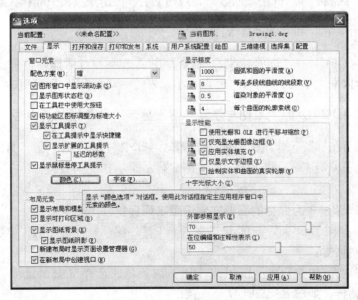

图1-14 "选项"对话框

（3）单击"颜色"按钮，弹出"颜色"选项对话框，如图1-15所示。

（4）指定颜色。在"窗口元素"下拉列表中选择窗口的组成项目，然后从"颜色"下拉列表中选择一种颜色，如白色，指定给"模型空间背景"。

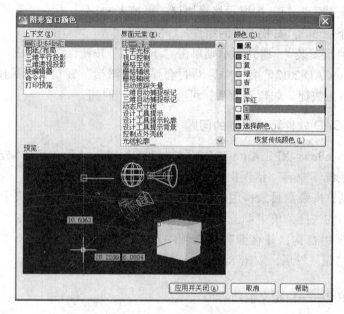

图1-15　"图形窗口颜色"对话框

2. 修改图形窗口中十字光标的大小

光标的长度系统预设为屏幕大小的5%，用户可根据自己的需要修改。要修改它的大小，执行"工具（<u>T</u>）"→"选项（<u>N</u>）"命令，在"选项"对话框中的"显示"选项卡左下方的"十字光标大小"区域的编辑框中输入数值，或拖动右侧的滑块，调节光标大小即可。

3. 更改"拾取框"和"夹点"的大小

执行"工具（<u>T</u>）"→"选项（<u>N</u>）"命令，在"选项"对话框中，单击"选择"选项卡，分别在"拾取框大小（<u>P</u>）"和"夹点大小（<u>Z</u>）"拖动滑块，即可更改其大小。

4. 在 AutoCAD 2012 的"草图与注释"界面显示"菜单栏"的方法

单击"草图与注释"工作空间右侧的"▼"，如图1-16所示。在"自定义快速访问工具栏"下拉列表中单击"显示菜单栏"，即在"显示菜单栏"前打钩。

拓展知识3——为保存的图形文件设置密码保护

（1）执行保存图形命令后，单击"文件（<u>F</u>）"→"另存为（<u>A</u>）"菜单命令，打开"图形另存为"对话框。

（2）单击右上角的"工具"按钮，打开下拉菜单，选择"安全选项"项，系统打开"安全选项"对话框，如图1-17所示。

（3）单击"密码"选项卡，在"用于打开此图形的密码或短语"文本框中输入相应密码。单击"确定"按钮，系统会打开"确认密码"对话框。

图 1 - 16 显示菜单栏

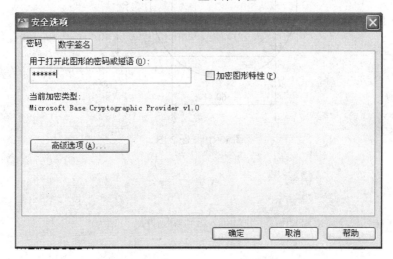

图 1 - 17 在"安全选项"中输入密码

（4）用户需要再输入一次密码，确认后，单击"确定"按钮，完成密码设置。

习题 1

1. 启动 AutoCAD，选择"AutoCAD 经典"，设置模型空间界限为：长 120，宽 90。绘制如图 1 - 18 所示图形，以 LX1- 1. dwg 命名保存。

2. 启动 AutoCAD，选择"AutoCAD 经典"，设置模型空间界限为：长 120，宽 90。绘制如图 1 - 19 所示图形，用直线命令（L）绘制 60 × 60 的正方形，再用对象追踪精确绘制正方形的外接圆，并以"LX1- 2. dwg"命名保存。

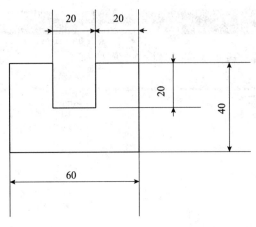

图 1 - 18　题 1 图

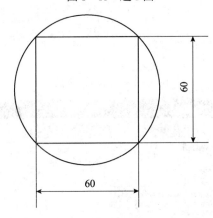

图 1 - 19　题 2 图

模块 2

绘制基本几何体及其切割体视图

2.1 项目分析

【项目结构】

本模块包括 AutoCAD 的图层设置、绘制圆柱体、圆锥体、圆台的三视图等任务。

【项目作用】

通过本模块练习，进一步掌握三视图的投影规律，培养空间想象力；掌握 AutoCAD 图层的运用技术，了解 AutoCAD 准确绘制三视图的基本方法，掌握相关基本绘图命令和编辑命令的使用。

【项目指标】

（1）掌握 AutoCAD 软件图层的设置方法。
（2）掌握构造线、椭圆等的命令。
（3）掌握正交的开关和使用的方法。
（4）熟练运用四种构造选择集的方法，熟悉各种编辑命令的操作方法。

2.2 相关基础知识

1. 三视图的形成和投影规律

（1）三投影面体系的名称和标记。正对着我们的正立投影面称为正面，用 V 标记（也称 V 面）；水平位置的投影面称为水平面，用 H 标记（也称 H 面）；右边的侧立投影面称为侧面，用 W 标记（也称 W 面）。投影面与投影面的交线称为投影轴，分别以 OX、OY、OZ 标记。三根投影轴的交点 O 叫做原点，如图 2–1（a）所示。

（2）三视图的形成。如图 2–1（b）所示，首先将形体放置在我们前面建立的 V、H、W 三投影面体系中，然后分别向三个投影面作正投影。在三个投影面上作出形体的投影后，为了作图和表示方便，将空间三个投影面展开摊平在一个平面上。其规定展开方法是：V 面保持不动，将 H 面和 W 面按图中箭头所指，方向分别绕 OX 和 OY 轴旋转，使 H 面和 W 面均与 V 面处于同一平面内，即得如图 2−2 所示的形体的三面投影图。我们把投影图称为视图，国家标准中规定：V 面投影图称为主视图；H 面投影图称为俯视图；W 面投影图称为左视图。

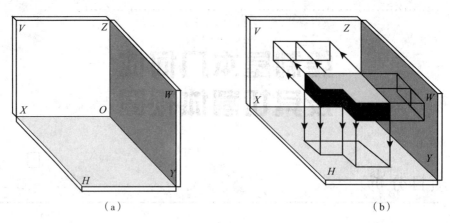

（a）   （b）

图 2−1 三面投影体系和正投影

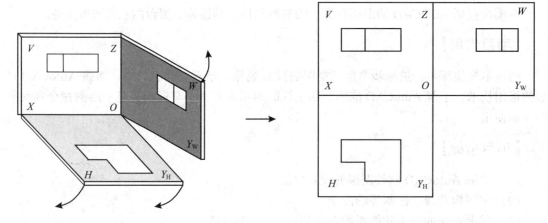

图 2−2 三视图的形成

2. 截交线的概念

立体被平面切割后，在平面和立体表面所产生的交线，叫做截交线，这个平面叫做截平面。截交线是被截立体和截平面的共有线，因此截交线的形状是由被截立体的形状和截平面对被截立体的相对位置所确定的。

2.3 任务1——绘制圆柱体的三视图及表面上点的投影

【任务要求】

（1）启动 AutoCAD，设置模型空间界限为 A4 幅面：长 297，宽 210。规划粗实线、中心线和辅助线等三个图层。

（2）绘制如图 2−3 所示的主视图和左视图（尺寸：直径 50，长 60）。

（3）根据投影规律，通过主视图和左视图绘制俯视图，并作出 A 点在其他投影面的投影。

（4）以"SX2-001. dwg"命名，存盘。

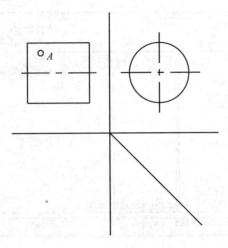

图 2-3　圆柱体及表面点 A

【思考问题】

（1）几何体每个视图的投影之间有何关系？几何体上的一点在三视图上的投影有何规律？

（2）AutoCAD 软件如何画水平线和铅垂线？

参考答案

问题 1：每个视图所反映的形体的尺寸情况及投影关系为：主、俯视图中相应投影（整体或局部）的长度相等，并且对正；主、左视图中相应投影（整体或局部）的高度相等，并且平齐；俯、左视图中相应投影（整体或局部）的宽度相等。此规律概括为："长对正、高平齐、宽相等"。几何体上的任一点符合点的投影也符合上述投影规律，点在主、俯视图上的投影到 W 面的长度相等，点在主、左视图上的投影到 H 面的高度相等，点在俯、左视图上的投影到 V 面的宽度相等。

问题 2：用 AutoCAD 软件画水平线和铅垂线，只要在直线命令下，打开状态栏的"正交"即可。打开"正交"的方法，除单击"正交模式"按钮和按键盘上方的"F8"之外，还可用组合键"Ctrl + L"。正交工具是用来在水平和垂直方向执行命令的辅助绘图工具。打开正交工具，输入点及长度值就可以画出水平或铅垂方向的直线。另外，用极轴追踪的方法（极轴角 0°、90°、180°、270°）也能绘制水平或垂直线。

【操作步骤】

1. 方法——构造线法

（1）启动 AutoCAD 2012，采用"Limits"命令设置图幅为 297×210，或单击菜单"格式（O）"→"图形界限（A）"。在提示"输入第一个角点"时按回车键，输入"297, 210"，按回车键确认。然后利用"Zoom"→"All"命令，或"视图（V）"→"缩放（Z）"→"全部（A）"命令，使图幅满屏。

（2）新建粗实线层、中心线层、辅助线图层。执行菜单命令"格式（O）"→"图层（L）"，打开"图层特性管理器"对话框，如图2-4所示。

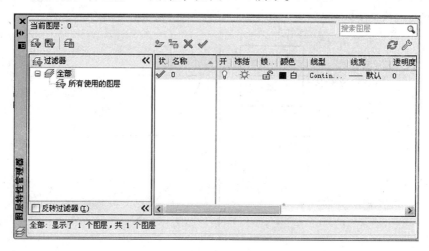

图2-4　图层特性管理器

在"图层特性管理器"中单击"新建"按钮，在名称中输入"lkx"（轮廓线），单击线宽下的线宽符号，系统弹出"线宽"对话框，选择"0.50毫米"，如图2-5所示，单击"确定"按钮，完成轮廓线的线宽设置。

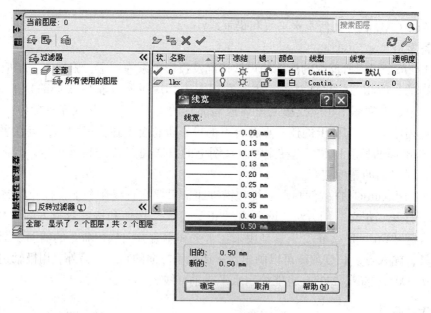

图2-5　设置线宽

单击"新建"按钮，在名称中输入"center"，单击线宽下的线宽符号，在弹出的"线宽"对话框中选择线宽为"0.15毫米"，单击该行列表中的颜色图标，系统弹出"选择颜色"对话框，选择"红色"，单击"确定"按钮，如图2-6所示。

继续在该行单击"线型"下的"Continuous"，系统弹出"选择线型"对话框；单击"加载"按钮，弹出"加载或重载线型"对话框，从线型列表中选择"CENTER"，如图2-7所示，单击此对话框的"确定"按钮，回到"选择线型"对话框，选中加载的"点画线"线型,如图 2-8 所示,再单击"选择线型"对话框中的"确定"按钮。用同样的方法设置"dim"辅助线层。规划图层如表 2-1 所示。最后单击"图层特性管理器"对话框中的"应用",再单击"确定"按钮。

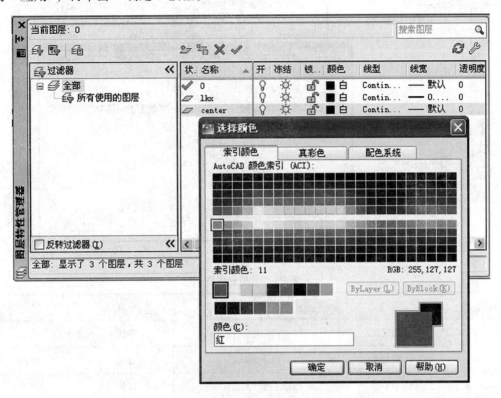

图 2-6　选择颜色

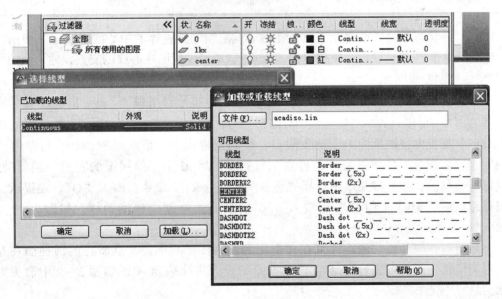

图 2-7　选择线型

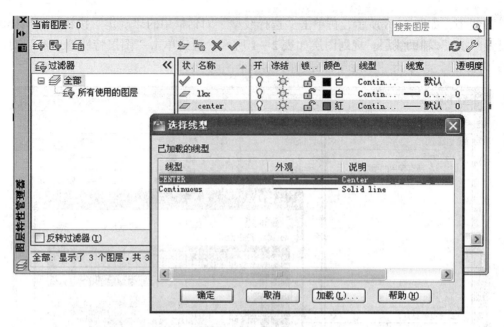

图 2-8　加载线型

表 2-1　规划图层

图层名	用途	线型	线宽	颜色
0	细实线	Continuous	默认	默认
lkx	轮廓线	Continuous	0.5	默认
center	中心线	Center 线性比例 0.01	默认	红色
dim	辅助线	Continuous	默认	蓝色

（3）打开状态栏的"正交"工具，在中心线层绘制圆柱体的中心线，确定三视图的位置。输入圆命令"C"，设置对象捕捉为"交点"，单击左视图中心线的交点，输入圆的半径值"25"，绘制左视图。

（4）单击工具栏上的"构造线"工具 ，在命令提示行出现"_ xline 指定点/或 ［水平（H）/垂直（V）/角度（A）/二等分（B）/偏移（O）］："后，输入"H"，设置对象捕捉为"象限点"，捕捉左视图圆的上下两象限点，绘制主视图上、下两条辅助线；再单击"构造线"工具，设置对象捕捉为"最近点"，输入"V"作主、俯视图的左边一根辅助线，用鼠标右键单击，在右键菜单中选择"重复构造线（R）"命令，输入"O"，在提示"指定偏移距离或 ［通过（T）］："后输入"60"，在右边绘制一根辅助线，如图 2-9（a）所示。

（5）通过作辅助线法确定 A 点在左视图和俯视图的投影。A 点所在的圆柱面在左视图具有积聚性，因此可先确定 A″，再根据点的投影规律确定 A′，如图 2-9 中箭头方向所示。

（6）单击"修剪（Trim）"工具 ，或单击"修改（M）"→"修剪（T）"菜单项，或输入"TR"命令。选择剪切边，选中的线成虚线状，如图 2-9（b）所示，用鼠标右键单击确定，或单击回车键，再单击欲修剪掉的线。修剪后的效果如图 2-10 所示。

（7）执行"文件（F）"→"保存（S）"，输入"SX2-001"，单击"保存"按钮存盘。

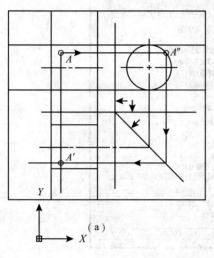 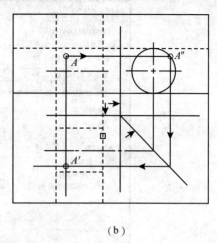

（a）　　　　　　　　　　　　　（b）

图 2-9　绘制俯视图

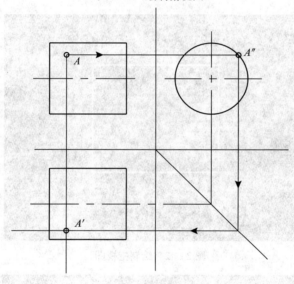

图 2-10　求 A 点的投影

2. 方法二——栅格捕捉法

（1）单击"工具（T）"→"草图设置（F）"菜单，在图示的"草图设置"对话框的"捕捉和栅格"属性页中，设置栅格和捕捉的间距为10，并启用栅格显示和捕捉，如图 2-11所示。

（2）在粗实线层启动画线命令，移动鼠标，观察状态栏中鼠标的变化，以（90，170）为起点，向上移动5格。接着向右移动6格，画水平线。再向下移动5格，输入"C"，按回车键，得到主视图，如图 2-12所示。

（3）在中心线层启动画线命令，设置对象捕捉为"中点"，绘制中心线。单击选择中心线，则该中心线高亮显示，出现三个"夹点"，如图 2-13所示。拖动左边夹点，伸出边界3~5mm。

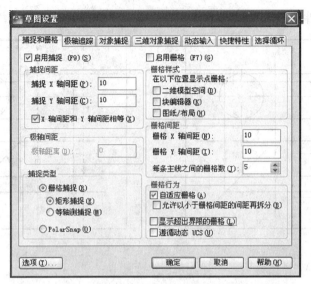

图 2 - 11　设置"捕捉和栅格"

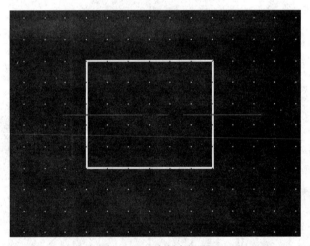

图 2 - 12　绘制主视图

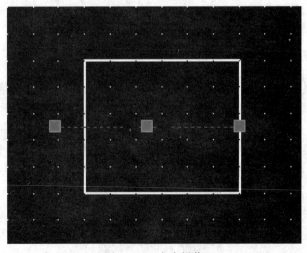

图 2 - 13　夹点操作

（4）在图幅右边与主视图等高的栅格点绘制左视图。拖动图 2-13 的右边夹点，移至适当位置，确定后再画垂直中心线。单击"绘图（D）"→"圆（C）"→"圆心、半径（R）"，设置对象捕捉为"交点"，单击圆心，打开"捕捉"命令，单击与主视图等高的最高点，单击鼠标右键后如图 2-14 所示。

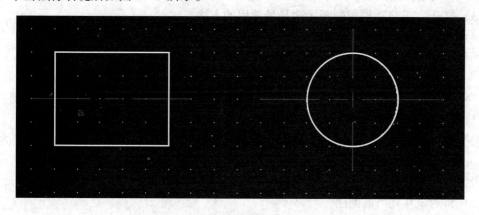

图 2-14　绘制左视图

（5）在主视图下面与主视图对正的栅格点绘制俯视图可采用复制法。单击编辑工具栏上的"复制"按钮，在提示"选择对象"时框选主视图（按鼠标左键从主视图右下角拖到左上角放开），用鼠标右键单击以确定；在提示"指定基点"时，选择左下角点，移动到（90，60），用鼠标右键单击，在弹出的菜单中单击"确定"按钮，效果如图 2-15 所示。

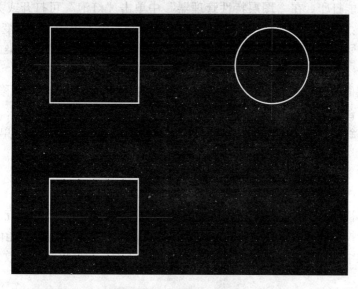

图 2-15　复制出俯视图

（6）以"SX2-001. dwg"命名，存盘。

【知识链接与操作技巧】

1. AutoCAD 绘制三视图的方法

为做到主、左视图高平齐，主、俯视图长对正，俯、左视图宽相等，在 AutoCAD 中，有以下几种绘制方法。

（1）利用构造线作为辅助线。构造线也可单独设置一个图层，这时，图线应在实线层绘制。当图形绘制完后，关闭构造线层即可。

（2）利用栅格捕捉法。

（3）打开"正交"模式画图。这是最常用的方法。

（4）利用极轴捕捉法。

2. AutoCAD 图层的概念和操作

一幅图样可以由若干图层上的元素叠加而成，每一图层对这幅图来说都是透明的。

（1）使选定图层成为当前图层。

①执行菜单命令"格式（O）"→"图层工具（O）"→"将对象的图层置为当前（R）"。

②在要置为当前的图层上选择一个对象。

（2）将对象移到当前图层。

①执行菜单命令"格式（O）"→"图层工具（O）"→"更改为当前图层（C）"。

②选择要移到当前图层的对象。

③按回车键确定。

（3）图层的打开和关闭。当图层中的灯泡图标为"亮"（黄色）时，图层打开，这时图层是可见的，并且可以打印；单击图标，使之变成"暗"（蓝色）时，图层被关闭，它是不可见的，并且不能打印。在"图层特性管理器"中单击"灯泡"可打开或关闭图层。在所有窗口冻结解冻：当图标为"太阳"时，图层没有冻结；单击图标，使之变成"雪花"，图层即被冻结，在所有窗口中冻结选定的图层，则不显示、打印、隐藏、渲染或重新生成冻结图层上的对象。

（4）对图层的操作可使用"特性"工具栏。要将某个对象从一个图层移到另一个图层，选中该对象后，在打开的"特性"窗口中，单击"图层"栏中的向下箭头，在弹出的列表中选择对象要移到的目的图层即可。如果要知道某个对象所在的图层，可单击选中该对象。这时，在"特性"工具栏上的图层框中会显示该对象所在的图层名。

【小结】

精确绘制三视图，关键是要把握物体在各个投影面上的正投影及其相互关系。这就要掌握点、线、面的投影规律。运用 AutoCAD 的正交、极轴、栅格等功能，能使所绘制图形符合机械制图标准中的规定。在绘图实践中应不断总结经验，找到更快捷有效的作图程序。

2.4 任务2——绘制圆锥的三视图及表面上点的投影

【任务要求】

（1）启动 AutoCAD 2012，设置模型空间界限为：210×297。

（2）绘制如图 2-16 所示的圆锥的三视图（尺寸不标），绘图前，创建三个图层，即粗实线层、中心线层和辅助线层。

（3）*A* 点为圆锥表面的一点在主视图上的投影，作出 *A* 点在其他视图上的投影。

（4）以"SX2-002. dwg"命名，存盘。

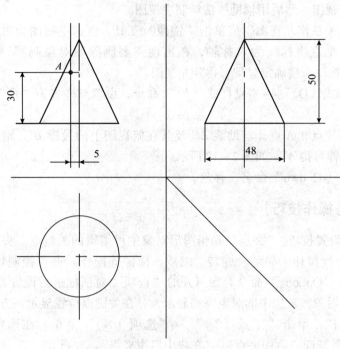

图 2-16 圆锥三视图、表面点及其尺寸

【思考问题】

（1）圆锥的投影有何特点？

（2）利用 AutoCAD 软件绘制对称图形用什么工具？

参考答案

问题 1：圆锥面的三个投影都没有积聚性，其两面投影为两个全等的三角形，另一面投影为圆。

问题 2：利用 AutoCAD 软件绘制对称图形可用"镜像"复制工具。

【操作步骤】

（1）启动 AutoCAD，采用 Limits 命令设置图幅为 210×197，或单击菜单"格式（<u>O</u>）"→"图形界限（<u>A</u>）"，然后利用"Zoom"→"All"命令，或"视图（<u>V</u>）"→"缩放（<u>Z</u>）"→"全部（<u>A</u>）"命令，使图幅满屏。

（2）新建轮廓线层、中心线层、辅助线层。规划图层如表 2-2 所示。

表 2-2 规划图层

图层名	用途	线型	线宽	颜色
0	细实线	Continuous	默认	默认
lkx	轮廓线	Continuous	0. 5	默认
center	中心线	Center 线性比例 0. 01	默认	红色
dim	辅助线	Continuous	默认	蓝色

（3）在中心线层打开状态栏的"正交"模式，绘制圆锥主视图，俯视图上的中心线。输入"圆（Circle）"命令的快捷键"C"，单击圆心，即府视图中心线的交点，输入半径"24"，绘制圆锥俯视图，然后用辅助线法绘制主视图。

（4）根据投影关系作左视图，或单击"镜像"工具，框选主视图为对象，用鼠标右键单击确定，再选择垂直坐标线为对称轴，在出现"要删除原对象吗?"后的选项中选择"N"，即不删除。按回车键确定，即可得到左视图。

（5）执行"格式（O）"→"点样式（P）"命令，设置点样式为"○"，按图2-16中的尺寸绘制点A。

（6）过主视图顶点和A点作辅助线AB及其在俯视图上的投影B'，则A'必在O'B'上。再根据点的投影规律可得A"，如图2-17所示。

（7）以"SX2-002.dwg"命名，存盘。

【知识链接与操作技巧】

（1）"夹点"设置技巧。"夹点"是指图形对象中可编辑的关键点。夹点编辑是指对对象的一些关键点进行拉伸、移动、旋转、缩放、镜像等操作。夹点控制可使用"工具"、"选项"菜单命令，"Options"命令。在打开的"选项"对话框进行设置。在"命令:"提示下直接选择图形对象，被选中的对象高亮显示，并在关键点位置显示一方框，即夹点。

设置夹点的方法：单击"工具（T）"→"选项（N）"菜单。在选项对话框中单击"选择"标签，然后复选"启用夹点"、"在块中启用夹点"，并可在"选中夹点颜色"下拉列表重设颜色、在"夹点大小"调节关键点大小等。

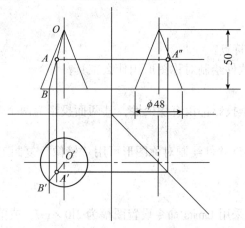

图2-17　绘制圆锥三视图并求A点的投影

（2）为提高绘图效率，对于对称的图形，可只绘出一半，再利用镜像（Mirror）命令进行复制。镜像线即对称轴，并不一定是已经绘出的图形对象，只需确定任意两点，就可由这两点构成对称轴。

【小结】

求圆锥表面上点的投影时，由于圆锥面的投影没有积聚性，所以必须在圆锥面上作一条包含该点的辅助线（直线或圆），先求出辅助线的投影，再利用线上点的投影关系求出圆锥表面上点的投影。

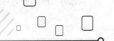

2.5 任务3——绘制切割圆柱体的投影

【任务要求】

（1）启动 AutoCAD，设置模型空间界限为：长 210，宽 297。

（2）绘制如图 2-18 所示的切割圆柱体的三视图（尺寸不标），练习拉伸和夹点操作。

（3）以"SX2-003. dwg"命名，存盘。

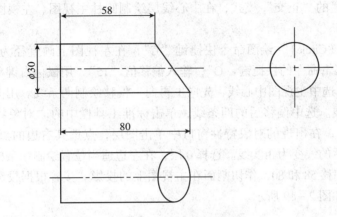

图 2-18 切割圆柱体

【思考问题】

（1）截交线有哪些基本特性？平面切割圆柱体时，截交线是什么形状？如何绘制？

（2）AutoCAD 软件绘制椭圆需要哪些条件？

参考答案

问题1：截交线有两个基本特性，一是截交线为封闭的平面图形；二是截交线既在截平面上，又在立体表面上，是截平面与立体表面的共有点和共有线。

平面切割圆柱体所得的截交线有三种情况。截平面平行于轴线，则截交线是平行于轴线的两条直线；截平面垂直于轴线，则截交线为圆；截平面倾斜于轴线，则截交线为椭圆，其大小与截平面的倾斜度有关。前两种截交线用直线和圆命令即可绘制，当截交线为椭圆时，则利用截交线投影的积聚性，找出截交线上点的两个投影；然后再根据点的两个投影，作出第三投影；最后光滑连接各点。

问题2：AutoCAD 软件绘制椭圆，单击椭圆工具，根据提示所需条件绘制。条件可以是：①椭圆一轴上的两端点的位置及另一轴的半长；②椭圆一轴上的两端点的位置及一转角；③中心坐标，一轴一端点的位置及另一轴的半长；④中心坐标，一轴一端点的位置及另一转角。

【操作步骤】

（1）启动 AutoCAD，采用 Limits 命令设置图幅为 210 × 297，然后调用"Zoom"→"All"命令，按回车键，使图幅满屏。

（2）规划图层。新建轮廓线层、中心线层、辅助线层。规划图层如表2-3所示。

表2-3　规划图层

图层名	用途	线型	线宽	颜色
0		Continuous	默认	默认
lkx	轮廓线	Continuous	0.5	默认
center	中心线	Center 线性比例0.01	默认	红色
dim	辅助线	Continuous	默认	蓝色

（3）打开状态栏的"正交"模式，在中心线层绘制圆柱主视图、左视图和俯视图上的中心线。

（4）输入"圆（Circle）"绘图命令快捷键"C"，在左视图上画直径为30的圆。输入"偏移（Offset）"编辑命令的快捷键"O"，输入偏移值"15"，用鼠标右键单击，在右键菜单中选择"确定"，选中主视图中心线，先向上再向下偏移绘制两条线。用同样方法绘制俯视图的上、下两条线。选中偏移后的四条线，单击标准工具栏中的"对象特性"按钮，或按组合键"Ctrl＋L"，在出现的对象特性窗口中单击图层，点选其右边的黑三角，选择 lkx 层。这时四条偏移后的线变为粗实线。选择0层，在左边适当位置绘制一条构造线，用偏移命令"O"将此线偏移58和80，作切割面在主视图上的投影。接着根据投影关系在辅助线层画一条辅助线，如图2-19所示。

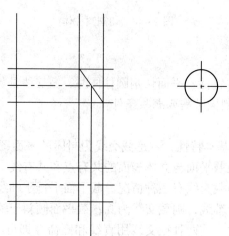

图2-19　绘制圆柱体的三视图

（5）运用"修剪（Trim）"编辑命令"TR"，将多余的线剪掉。单击"椭圆（Ellipse）"绘图命令工具 ⬭，设置对象捕捉为"交点"，单击交点 A 作为一个端点，再单击 B 作为长轴的第二个端点，然后单击交点 C，截交线在俯视图上的投影就画好了，如图2-20所示。

（6）用"修剪（Trim）"命令和"删除（Erase）"编辑工具 ✎，去掉辅助线及多余的线，即可得到图2-18。

（7）单击"保存"按钮，以"SX2-003. dwg"命名，存盘。

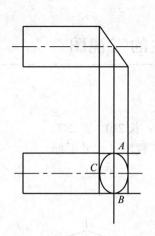

图 2-20　绘制截交线

【知识链接与操作技巧】

（1）AutoCAD 所提供的编辑命令中的"偏移对象"和"修剪对象"是绘制平面图形最常用的工具。偏移命令是一条连续执行的复制命令，如果偏移距离相同，调用一次命令可以画出多条平行线或等距曲线。如果偏移距离不相同，需要重复调用偏移命令。

（2）修剪对象。单击"修剪"工具后，在工作区单击鼠标右键，这时系统默认当前所有对象既是修剪边界，同时又是被修剪的对象。因此，可直接单击所需修剪的对象即可执行修剪操作，而不必定义剪切边。但对于需修剪的对象与多个对象相交时不宜使用此方法。

（3）熟练掌握编辑命令对于绘图工作人员来说是十分重要的，一幅图的绘制往往大部分使用的是"Offset"，"Trim"等修改命令。从图形构成来看，图形的大部分元素主要有直线与曲线这两种，而曲线主要由大量的圆（或椭圆）进行剪切而成的，所以一张图最终由直线和圆（或椭圆）组成。既然如此，作图时只需先画圆（或椭圆）和直线并确定位置，然后进行一系列操作，如"Offset"，"Trim"，"Fillet"，"Array"，"Chamfer"等，来实现图形。例如，小到一个垫片，大到一个带轮的绘图，只需两条互相垂直的直线和圆，而后进行"Offset"，"Fillet"，"Chamfer"等一系列操作便能精确地完成图形的绘制。

（4）AutoCAD 提供了功能强大的对象特性管理器，当我们需要修改某个对象时，先选中该对象，按下"Ctrl+L"就可调出对象特性窗口。该窗口是浮动窗口，打开后不影响其他部分的操作，因此可随时修改所选对象集。本例中对对象的图层进行了修改，同样地，可用类似的方法修改任意图形对象的颜色、线型、线宽以及打印样式等。

（5）删除对象的快捷方法。单击选中对象，按 Delete 键。此法也适用于"三维建模"。

【小结】

圆柱被倾斜于轴线的截交平面切割，其截交线为椭圆。绘图时应先找到长轴和短轴的两端点在视图上的投影，再用"椭圆"命令绘出。

截交线一定在截平面上，因此可选与截平面垂直的面作为投影面。

2.6　任务4——绘制切割六棱柱的三视图

【任务要求】

（1）启动 AutoCAD，设置模型空间界限为：长 210，宽 297。

（2）绘制如图 2-21 所示的切割六棱柱的三视图（尺寸不标）。

（3）以"SX2-004.dwg"命名，存盘。

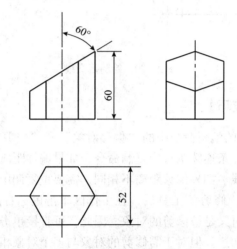

【注】：本例中标注的"60°"是为训练而设置的，此图的标准注法应标注主视图左边的高度。

图 2-21　切割六棱柱的三视图

【思考问题】

（1）平面的投影有哪些基本性质？

（2）AutoCAD 软件绘制多边形需要哪些条件？

参考答案

问题 1：平面的投影有三种情况：（1）平行于一个投影面，而垂直于另两个投影面，这时在平行的投影面上反映实形；（2）垂直于一个投影面，而倾斜于另两个投影面，此时，该平面在垂直投影面上积聚成直线段；（3）对三个投影面均倾斜，投影均不反映实形。

问题 2：AutoCAD 软件绘制多边形，单击多边形工具，根据提示输入所需条件。条件可以是：（1）多边形内接圆的直径；（2）多边形外切圆的直径；（3）多边形的一条边长。

【操作步骤】

（1）启动 AutoCAD，采用 Limits 命令设置图幅为 210 × 297，然后调用"Zoom"→"All"命令，使图幅满屏。

（2）规划图层。新建粗实线层、中心线层、辅助线层。规划图层参见表 2-3。

（3）打开状态栏的"正交"模式，在辅助线层绘制辅助线（坐标线）；在中心线层绘制六棱柱主视图、左视图和俯视图上的中心线位置，如图 2-22 所示。

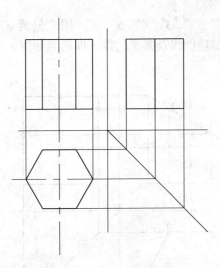

图 2-22　绘制六棱柱三视图

（4）在 lkx 层单击"多边形（Polygon）"绘图命令 ，在水平投影面上以内接圆方式绘制内接圆直径为 52 的六边形。根据投影关系绘制主视图和左视图。

（5）应用 AutoCAD 的"自动追踪"，画截平面在主视图上的投影线。单击状态栏的"极轴"和"捕捉"按钮，启用极轴追踪功能。用鼠标右键单击"极轴"按钮，选择右键菜单中的"设置"，在"草图设置"选项卡的"极轴追踪"中复选"附加角"项，单击"新建"按钮添加附加角值 150°，勾选"用所有极轴角设置追踪"和"绝对（A）"，如图 2-23 所示。单击"直线"工具，选对象捕捉工具中的"端点"，单击主视图右上角，选定一个端点，移动光标至左下方图形外，当出现"<150°"提示时单击鼠标左键输入第二个端点，截交线在主视图上的投影就画好了，如图 2-24 所示。

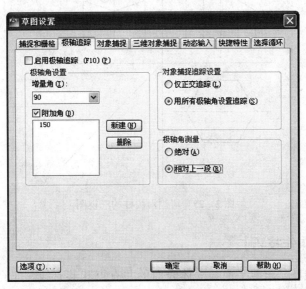

图 2-23　设置附加角

（6）根据点的投影关系在辅助线层作截交线在左视图上的投影。分别从主视图上的 1'、2'、3'、4' 点作水平线，再由俯视图上的点 3、4、5 引辅助线交上述水平线于 2″、3″、1″、5″、

6″，如图 2 - 24 所示。连接 1″、2″、3″、4″、5″、6″，用"修剪（Trim）"命令"TR"和"删除（Erase）"命令"E"去掉辅助线及多余的线，即得到如图 2 - 25 所示的效果。

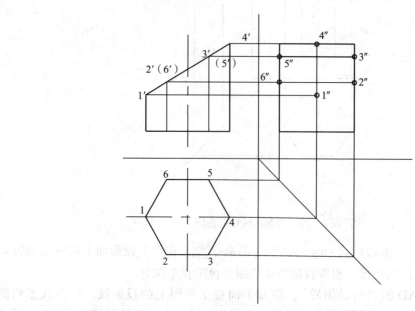

图 2 - 24　绘制六棱柱的截交线

（7）按"Ctrl + S"组合键，以"SX2 - 004. dwg"命名，存盘。

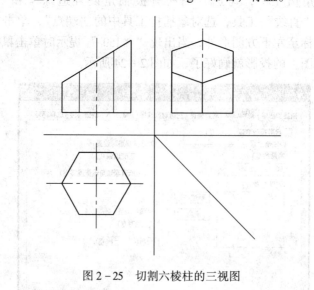

图 2 - 25　切割六棱柱的三视图

【知识链接与操作技巧】

（1）绘制截交线就是求截平面与立体表面的共有点和共有线。应充分利用平面的积聚性和截交线上点、线的投影规律，作出截交线。

（2）多段线。多段线是由相连的直线或圆弧序列组成的。作为单一对象，多段线可以分别设置所画线的起始处和中止处的线宽。单击"绘图"工具栏上多段线按钮，或输入"Pline"命令，根据命令提示行出现的提示，选择相应的项目即可绘制多段线。

【小结】

六棱柱被倾斜于轴线的截交平面切割，其截交线为六边形。绘图时应先找到截交线具有积聚性的投影面上特殊点的投影，再用投影关系确定这些点在具有倾斜位置关系投影面上的投影。最后连接各点成封闭的截交线。截交线一定在截平面上，因此一般应选与截平面垂直的投影面作为主视图。

2.7 拓展延伸

1. 对象捕捉的技巧

"对象捕捉"功能是 AutoCAD 精确捕捉对象，绘制相交、相切、相互垂直等图像的重要工具。

（1）在"草图设置"对话框的"对象捕捉"选项卡中指定一个或多个，执行对象捕捉。打开该对话框可执行"工具（T）"→"草图设置（F）"菜单命令，也可在"对象捕捉"标签上单击鼠标右键，选择"设置（S）"。如果启用多个执行对象捕捉，则在一个指定的位置可能有多个符合捕捉条件的对象。在指定点之前，按 Tab 键可逐一出现可能选择点的黄色标记。

当只需捕捉一类点，如中点，而不希望其他捕捉项干扰时，可先单击"全部清除"按钮，再仅选"中点"，如图 2-26 所示。

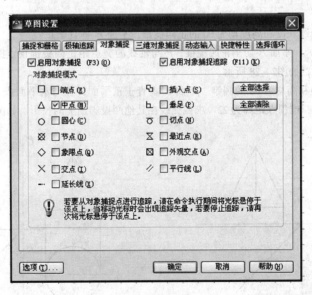

图 2-26 草图设置

对象捕捉功能的设置具有常效性，直到重新设置为止。有时我们不需要捕捉对象，这时可单击状态栏上的"对象捕捉"按钮或按 F3 键来关闭对象捕捉功能。

（2）在提示输入点时，按住 Shift 键的同时，在绘图区域内单击鼠标右键。系统弹出对象捕捉工具栏，选择要使用的对象捕捉。这种方法仅在当时有效，即只能捕捉一次，如需再次捕捉，就要重新操作。故称为"临时捕捉"或"单点优先方式"。

（3）单击"对象捕捉"工具栏中的按钮。建议打开对象捕捉工具栏，并将它放在绘图工具栏或编辑工具栏旁边，以便于操作，如图2－27所示。打开工具栏的方法见模块1。

2. 图形的保存格式

AutoCAD 的图形格式为 . dwg，也可导出为 . bmp 及 . wmf 或 . eps、. dxf、. 3ds，如果用 Render 命令可存为 . pcx、. tga、. tif 格式，AutoCAD 还可将文件直接存为这几种格式，要为系统装一个名为"Raster file export"的打印机，用它打印文件，Auto-CAD 2012 具有向下兼容性，可以保存为 AutoCAD 2004 等格式，还可将文件保存为 JPG 格式，甚至可以保存为 R14 格式。

3. 绘制曲线

画截交线、相贯线及其他曲线时，可用多段线"Pline"命令画二维图形上通过特殊点的折线，经"Pedit"命令中"Fit"或"Spline"曲线拟合，可变成光滑的平面曲线。用 3DPoly 命令画 3D 图形上通过特殊点的折线，经 Pedit 命令中 Spline 曲线拟合，可变成光滑的空间曲线。

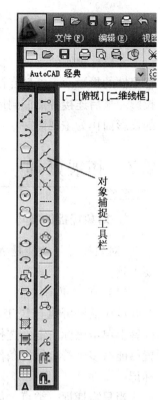

图 2 - 27　对象捕捉工具栏

习题 2

1. 绘制一底边对角线长度和高度均为60的正四棱锥。平面 P' 垂直于正平面，且与水平面成30°。平面 P' 切割正四棱锥，P' 与轴线的交点距正四棱锥顶点距离为22。求截交线在其他两投影面上的投影，如图2－28所示。

2. 绘制一底面直径和高均为60的圆锥。平面 P' 垂直于正平面，且与水平面成30°角。平面 P' 切割圆锥，P' 与轴线的交点距圆锥顶点距离为22。求截交线在其他两投影面上的投影，如图 2 - 29 所示。

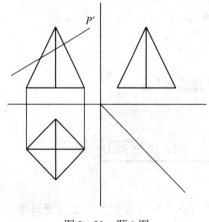

图 2 - 28　题 1 图

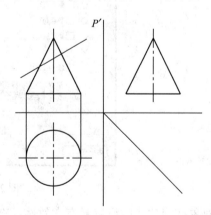

图 2 - 29　题 2 图

模块 **3**

绘制基本组合体
视图与相贯线

3.1 项目分析

【项目结构】

本模块包括机械制图形体分析法和线面分析法，在绘制基本组合体视图中的运用；AutoCAD 图层的运用；各种绘图命令的正确使用方法；常用编辑命令的使用方法；提高绘图效率的一般途径。

【项目作用】

通过本模块练习，进一步掌握三视图的投影规律：长对正、高平齐、宽相等；掌握绘制基本组合体的三视图的方法；进一步掌握 AutoCAD 图层的运用技术；熟悉常用绘图命令和编辑命令的操作方法；初步掌握 AutoCAD 软件常用命令的快捷功能键，提高绘图速度。

【项目指标】

（1）掌握组合体三视图的投影规律和形体分析法。

（2）进一步掌握 AutoCAD 图层的设置和运用的技术，会修改图层属性。

（3）进一步掌握直线、圆、矩形等常用绘图工具的使用。

（4）掌握复制、偏移、剪切、镜像、移动、阵列、分解等编辑命令的功能键的使用方法，并提高使用效率。

（5）会应用夹点进行编辑操作。

3.2 相关基础知识

3.2.1 **直线段（简称直线）的投影规律**

直线的投影：空间两点可以决定一条直线，只要已知直线上任意两点的三面投影，即可得到直线的三面投影。作直线的投影，实质上是以点的投影为基础的。

1. 直线对于一个投影面的位置

直线对于一个投影面的位置有倾斜、平行和垂直三种，各有不同的投影特性。

（1）收缩性。当直线段 AB 倾斜于投影面时，它在该投影面上的投影长度缩短。这种性质叫做收缩性。

（2）真实性。当直线段平行于投影面时，它在该投影面上的投影等于线段本身实长，即投影长度与空间直线的长度相等。这种性质叫做真实性。

（3）积聚性。当直线垂直于投影面时，它在该投影面上的投影重合为一点。这种性质叫做积聚性。

2. 空间直线与投影面的相对位置

（1）投影面垂直线：垂直于一个投影面，与另外两个投影面平行的直线，叫做投影面垂直线。投影面垂直线有三种位置：正垂线——垂直于 V 面的直线；铅垂线——垂直于 H 面的直线；侧垂线——垂直于 W 面的直线。这类直线的投影特性是：在所垂直的投影面上的投影积聚成一点，其余的两个投影是反映实长的直线。

（2）投影面平行线：平行于一个投影面，而倾斜于其他两个投影面的直线，叫做投影面平行线。投影面平行线也有三种位置：正平线——平行于 V 面的直线；水平线——平行于 H 面的直线；侧平线——平行于 W 面的直线。这类直线的投影特性是：在所平行的投影面上的投影是一条反映实长的斜线，而其余两个投影是直线，但长度缩短，小于实长。

（3）一般位置直线：与三个投影面都处于倾斜位置的直线，叫做一般位置直线。它的投影特性是：在三个投影面上的投影均是倾斜直线，并且长度都小于实长。

3.2.2 平面的投影规律

平面的投影：平面由数条直线所围成，而每条直线又由许多点所组成；在这些点中，必定有几个主要点，能够决定平面的形状、大小和位置。三点决定一个平面。因此，在求作多边形平面的投影时，可先求出它的各直线端点的投影，然后连接各直线端点的同面投影即可。作平面的投影，实质上仍是以点的投影为基础的。

1. 平面对于一个投影面的位置

平面对于一个投影面也有平行、倾斜和垂直三种相对位置，它们也各有不同的投影特性。

（1）真实性。当平面平行于投影面时，其投影与原平面的形状、大小相同，这种投影特性叫做真实性。

（2）收缩性。当平面倾斜于投影面时，其投影为原平面的类似形，但不能反映真实形状，而是缩小了，这种投影特性叫做收缩性。

（3）积聚性。当平面垂直于投影面时，其投影积聚成一条直线，这种投影特性叫做积聚性（重影性）。

2. 平面对投影面的相对位置

平面在三投影面体系中的投影特性根据空间平面对三个投影面的相对位置不同，可分为以下三种位置平面。

（1）投影面垂直面。垂直于一个投影面，而倾斜于其他两个投影面的平面，叫做投影面垂直面。投影面垂直面也有三种位置：正垂面——垂直于 V 面的平面；铅垂面——垂直于 H 面的平面；侧垂面——垂直于 W 面的平面。

投影面垂直面的投影特性是：①在与平面垂直的投影面上的投影，积聚成一条倾斜的直线。②在另外两个投影面上的投影为原平面的类似形，但面积缩小。

（2）投影面平行面。平行于一个投影面，而垂直于其他两个投影面的平面，叫做投影面平行面。投影面平行面也可分为三种位置：正平面——平行于 V 面的平面；水平面——平行于 H 面的平面；侧平面——平行于 W 面的平面。

投影面平行面的投影特性是：①在与平面平行的投影面上的投影，反映真实形状；②在另外两个投影面上的投影，积聚成与坐标轴平行的直线。

（3）一般位置平面。对三个投影面都处于倾斜位置的平面，叫做一般位置平面。一般位置平面的投影特性是：在三个投影面上的三个投影，均为原平面的类似形，而面积缩小，不反映真实形状。

3.2.3　相贯线的基本知识

1. 相贯线的一般概念

两立体相交，在其表面产生的交线称为相贯线。一般情况下，两曲面立体相交，其相贯线为一条封闭的空间曲线，它是两相交曲面立体的共有线和分界线。

2. 相贯线的精确绘制

求作相贯线时，可利用表面取点的方法，作出相贯线上一系列共有点（特殊位置的点和一般位置的点），再用曲线光滑连接，便可作出相贯线。利用表面取点法求作相贯线，就是在具有积聚性的相贯线投影上，直接找出一系列点（特殊位置的点和一般位置的点）的两个投影，再根据点的两个投影作出第三个投影，最后按顺序光滑连接各点，得到相贯线的投影。

3.3　任务 1——绘制组合体的三视图

【任务要求】

（1）启动 AutoCAD，在"工作空间"选择"AutoCAD 经典"，设置模型空间界限为：长 420，宽 297。

（2）绘制如图 3-1 所示的组合体的三视图（尺寸不标），绘图前，进行形体分析。该图创建四个图层，即粗实线层、中心线层、虚线层和辅助线层。

（3）以"SX3-001. dwg"命名，存盘。

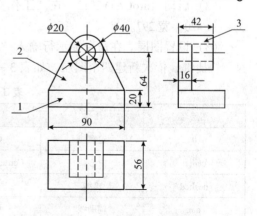

图 3-1　组合体的三视图

【思考问题】

（1）什么是形体分析法？如何用形体分析法
读懂组合体？

（2）常用编辑命令有哪些？它们的快捷功能键是什么？

参考答案

问题 1：形体分析法是将组合体看成由若干基本形体组成。用形体分析法读组合体视图，就是对各基本形体的三视图进行分析，再综合起来读懂组合体。

（1）画线框，分形体。例如，图 3－1 所示的组合体可分为底板、侧板、空心圆柱体三个基本几何体。

（2）对投影，想形状。从主视图开始，分别把每个线框对应的其他两面投影找出来，确定每组投影所表示的形体形状。

（3）合起来，想整体。在读懂每个基本体形状的基础上，综合想象出组合体整体。

问题 2：常用的编辑命令及其别名如表 3－1 所示。为了提高绘图效率，应记住常用的快捷键。只要多用几次，就能记住。

表 3－1　命令别名

名称	命令	别名（快捷键）	名称	命令	别名（快捷键）
删除对象	Erase	E；Del 键	移动对象	Move	M
复制对象	Copy	CO	旋转对象	Rotate	RO
镜像对象	Mirror	MI	修剪对象	Trim	TR
偏移对象	Offset	O	延伸对象	Extend	EX
阵列对象	Array	AR	倒角	Chamfer	CHA

【操作步骤】

（1）形体分析。将图 3－1 所示的组合体分为底板 1、侧板 2、空心圆柱体 3 三个基本几何体。底板为长 90，宽 56，高 20 的长方体，其在三个视图上的投影均为矩形。空心圆柱体的长为 42，外径 $\phi40$，内径 $\phi20$，其在主视图上具有积聚性。

（2）启动 AutoCAD 2012，在"工作空间"选择"AutoCAD 经典"，设置模型空间界限为：长 420，宽 297。

（3）设置图层。在命令提示行输入"LA"，在出现的"图层特性管理器"后按"Alt + N"快捷键，依次新建四个图层，如表 3－2 所示。

表 3－2　规划图层

图层名	用途	线型	线宽	颜色
0	轮廓线	Continuous	0.5	默认
center	中心线	Center 线性比例 0.01	0.25	红色
dashed	虚线	dashed	0.25	默认
dim	辅助线	Continuous	0.25	蓝色

（4）布置视图位置，确定各视图主要中心线和基线的位置，如图 3 - 2（a）所示。在 0 层绘制基线。在命令提示行输入"L"，绘制主视图基线，长为"90"。在命令提示行输入复制命令"CO"，选中此线，再单击鼠标右键，打开"正交"模式，设置对象捕捉为"端点"，单击线段一端，将其复制到俯视图适当位置。在左视图适当位置绘制垂线，再以俯视图基线右端为起点画水平线。在命令提示行输入修剪命令"TR"，修剪到图 3 - 2（a）所示形状。在命令提示行输入偏移命令"O"，选中主视图中的基线，输入"64"，向上偏移（即移动鼠标到基线上方后单击），作为中心线。单击"打断"命令工具，在欲打断处单击，到线端点以外再单击，将此中心线两边适当改短。选中改短后的线，更改到中心线层。再用"CO"命令将其复制到左视图上。在中心线层绘制垂直中心线，设置对象捕捉为"中点"，输入"L"，画主视图和俯视图上的垂直中心线，选中此线，将夹点适当延长，再用"打断"工具在主、俯视图之间将其分开。

（5）绘制底板的三视图。在命令提示行输入"O"，选中主视图基线，输入 20，向上偏移；用鼠标右键单击空白处，在右键菜单中单击"重复偏移"，将俯视图基线向下偏移 56，接着同样将左视图基线向上偏移 20。打开"正交"模式，设置对象捕捉为"端点"，输入 L，连接图线为三个矩形，如图 3 - 2（b）所示。

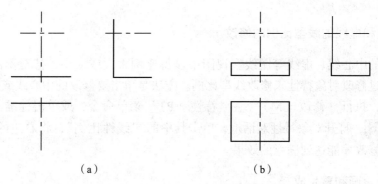

（a） （b）

图 3 - 2 绘制中心线和底板

（6）绘制空心圆柱体的三视图。设置对象捕捉为"交点"，在命令提示行输入"C"，单击中心线交点，输入直径 40；用鼠标右键单击，选中"重复圆（R）"，绘制直径为 20 的圆。在辅助线层，打开"正交"模式，设置对象捕捉为"象限点"，作俯视图和左视图的投影线。在俯视图向下偏移基线 42，在左视图偏移左边基线 42，经修剪得到空心圆柱体的三视图。

（7）绘制侧板的三视图，完成组合体的绘制。选中不可见轮廓线，切换图层特性为虚线，如图 3 - 3 所示。在粗实线层，关闭"正交"模式，设置对象捕捉为"端点"，输入直线命令"L"，单击主视图长方形左上交点，设置对象捕捉为"切点"，绘制肋板在主视图上的左侧投影线，将此线镜像到右边。在辅助线层，打开"正交"模式，设置对象捕捉为"切点"，作水平投影线。在左视图将基线向右偏移"16"，以辅助线为边界剪切。在俯视图上只需将基线向下偏移"16"。最后删除所有辅助线，即得组合体的三视图。

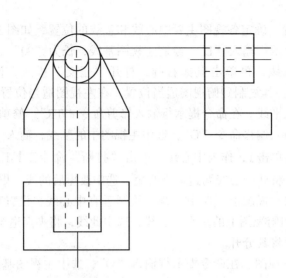

图 3 – 3　绘制空心圆柱体和肋板

【知识链接与操作技巧】

1. 中心线和虚线的线型比例的修改

有时所画的中心线、虚线等图线在视图中显得比例太大或太小，甚至不能显示线型特点，这时可通过修改对象特性来修改线型比例。方法是单击要修改的中心线或虚线，使其处于被选中状态，执行"修改（M）"→"特性（P）"菜单命令，或单击标准工具栏的"对象特性"按钮，打开对象特性对话框，单击其中的"线性比例"，将右边的值进行修改。有时需要多次修改才能达到满意的效果。

2. 图形的重画和重生成

AutoCAD 的重画和重生成可以将当前绘图屏幕刷新，使图线更加光滑，并清除残留在屏幕上的污点，使图形显示得更清晰。

（1）图形的重画可执行菜单命令"视图（V）"→"重画（R）"，也可在命令行输入：Redraw。另外，RedrawAll 命令也可用于刷新绘图窗口中的图形，执行该命令后，刷新所有打开窗口中的图形，而 Redraw 仅刷新当前窗口中的图形。

（2）图形的重生成可执行菜单命令"视图（V）"→"重生成（G）"或"全部重生成（A）"，也可在命令行输入："Regen/RegenAll"。Regen 仅重生成当前窗口中的图形，RegenAll 将所有打开窗口中的图形重新生成。

【小结】

（1）绘制较复杂的组合体的视图，可通过分别绘制各组成基本体的视图来完成。

（2）画图时适当多运用编辑命令，以提高绘图速度。

3.4　任务 2——绘制相贯线

【任务要求】

（1）启动 AutoCAD 2012，在"工作空间"选择"AutoCAD 经典"，设置模型空间界限为：长 210，宽 297。

（2）该图创建三个图层，即粗实线层、中心线层和辅助线层。

（3）绘制如图 3-4 所示的组合体的三视图（尺寸不标），根据投影关系精确绘制相贯线。

（4）以"SX3-002. dwg"命名，存盘。

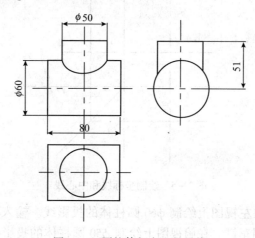

图 3-4　圆柱体相交和相贯线

【思考问题】

（1）相贯线有哪些特点？

（2）什么是多段线？多段线有哪些特点？

参考答案

问题 1：两曲面相交，表面形成的交线就称为相贯线。相贯线具有以下两个基本特点：

（1）相贯线一般为封闭的空间曲线，有时也可能是直线或平面曲线。

（2）相贯线是两相交立体表面的共有线，相贯线上的点则是两立体表面的共有点。

问题 2：AutoCAD 中的多段线是一种特殊的图形对象，是由相互连接的直线段或圆弧序列组成的。多段线是一个"整体"，它可以分别设置起点和终点的线宽。多段线还可用"修改"命令进行编辑。

【操作步骤】

（1）启动 AutoCAD 2012，在"工作空间"选择"AutoCAD 经典"，设置模型空间界限为：长 210，宽 297。

（2）设置图层。在命令提示行输入"LA"，按回车键，在出现的图层特性管理器后按"Alt + N"快捷键，依次新建三个图层，如表 3-3 所示。

表3-3 规划图层

图层名	用途	线型	线宽	颜色
0		Continuous	默认	默认
lkx	轮廓线	Continuous	0.5	默认
center	中心线	Center 线性比例 0.01	默认	红色
dim	辅助线	Continuous	默认	蓝色

（3）在辅助线层打开"正交"模式，绘制坐标线，接着切换到中心线层用直线绘制两圆柱体中心线在三视图上的位置，如图3-5所示。

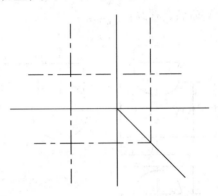

图3-5 绘制坐标线和中心线

（4）切换到0层，在左视图上绘制 $\phi60$ 圆柱体的投影线。输入"C"，按回车键，单击圆心，输入直径60，按回车键。在俯视图上绘制 $\phi50$ 圆柱体的投影线。输入"C"，单击圆心，输入直径50，按回车键。输入"L"，按回车键。在按住 Shift 键的同时，单击鼠标右键，在系统弹出的"捕捉工具栏"中捕捉"象限点"，分别绘制两圆柱体的投影线。输入偏移命令"O"，将主、俯视图的垂直中心线分别向两边偏移40，再将左视图的垂直中心线分别向两边偏移25，将主、左视图的水平中心线向上偏移51，如图3-6所示。

（5）将偏移出的"中心线"改为0层。选中这些中心线，切换图层属性到0层。修剪后的效果如图3-7所示。

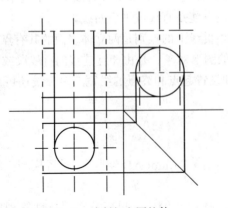

图3-6 绘制相交圆柱体

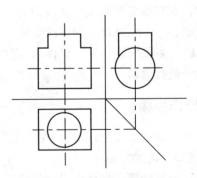

图3-7 相交圆柱体

（6）绘制相贯线。找到俯视图上的 1、5 两特殊点在主视图上的投影 1′、5′ 及在左视图上的投影 1″、5″。在 1 和 5 之间的圆弧上依次标出 2、3、4 点，用作辅助线的方法，根据投影关系找到 2″、3″、4″，分别通过 2、3、4 点作垂直辅助线，通过 2″、3″、4″ 作水平辅助线，交点即为主视图上相贯线上的点 2′、3′、4′，如图 3－8 所示。

（7）单击多段线工具 ，或在命令行输入多段线命令"PL"，按回车键，用多段线依次单击主视图上作出的交点，将 1′、2′、3′、4′、5′ 连成折线。单击多段线修改工具 ，或从菜单栏选择"修改（M）"→"对象（O）"→"多段线（P）"，或在命令输入行输入"PE"，按回车键，则在命令提示行出现"输入选项〔闭合（C）、/合并（J）/宽度（W）/编辑顶点（E）/拟合（F）/样条曲线（S）/非曲线化（D）/线型生成（L）/放弃（U）〕："时，输入"F"，按回车键，将上述折线拟合成光滑曲线，如图 3－9 所示。

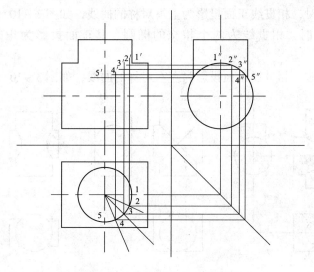

图 3－8　找相贯线上点的投影

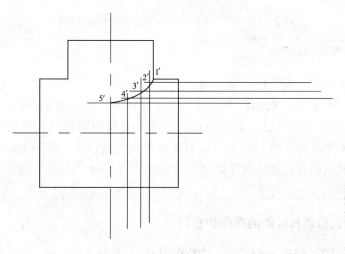

图 3－9　绘制右半相贯线

（8）单击镜像复制工具 ，或输入镜像命令"MI"，选择如图 3－9 中所示的相贯线，单击鼠标右键，选择主视图上的垂直中心线为对称线，即设置"对象捕捉"为端点，单击此中心线上、下两端点，再按回车键，绘制出左侧相贯线，即完成图3-4的绘制。

【知识链接与操作技巧】

1. 相贯线的简化画法

机械制图国家标准规定，当两圆柱正交且直径不相等时，相关线的投影可采用简化画法，即相贯线的正投影可以用圆弧来代替。规定用大圆柱的半径 R 为半径作圆弧来代替非圆曲线的相贯线。本例中可用三点画圆的方法得到简化的相贯线。

2. 两圆柱直径的相对大小对相贯线形状和位置的影响

设竖直放置的圆柱直径为 D_1，水平放置的圆柱直径为 D，则

（1）当 $D_1 < D$ 时，相贯线正面投影为上下对称的曲线，如图3-10（a）所示。

（2）当 $D_1 = D$ 时，相贯线为两个相交的椭圆，其正面投影为正交的两条直线，如图3-10（b）所示。

（3）当 $D_1 > D$ 时，相贯线正面投影为左右对称的曲线，如图3-10（c）所示。

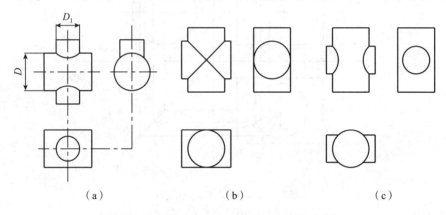

（a）　　　　　　　　　（b）　　　　　　　　　（c）

图3-10　圆柱直径的相对大小对相贯线的影响

3. 多段线的编辑和技巧

多段线可用来绘制平面几何图形。画多段线也可使用"绘图→多段线"菜单命令，或绘图工具栏上的"多段线"按钮。多段线 PLine 与 Line 和 Arc 命令不同，它们主要的区别是：PLine 在同一个命令的对话过程中可以产生多条直线或圆弧线，而且 AutoCAD 也把它们当做单一的元素来处理；而 Line 和 Arc 只能画单条线或弧线。使用 Line 和 PLine 命令时，如果要从上一次画线的终点处继续开始画线，在命令行提示"起点"的状态下，按回车键、空格键或@键即可。

4. 图形拉伸、打断和延伸的操作和技巧

拉伸对象可使用"修改（<u>M</u>）"→"拉伸（<u>H</u>）"菜单命令，或"Stretch"命令，使用修改工具栏上的"拉伸"按钮。对象修改包括拉长对象、修剪和延伸对象、断开对象、给对象倒角和倒圆角。拉长对象可使用"修改（<u>M</u>）"→"拉长（<u>G</u>）"菜单命令，或"Lengthen"命令，或使用修改工具栏上的"缩放"按钮。延伸对象可使用"修改

（M）"→"延伸（D）"菜单命令，或"Extend"命令，或使用修改工具栏上的"延伸"按钮 ━╱。断开对象可使用"修改"→"打断"菜单命令，或"Break"命令，或使用修改工具栏上的"打断"按钮 □。例如，要将一根线段从中间一分为二，只要设置"对象捕捉"为"中点"，单击"打断"按钮，两次捕捉临时中点后单击即可。如要将两端线合并，可用合并按钮 ＋•。

【小结】

和绘制截交线类似，绘制相贯线也要充分利用其自身的特点，即是两个圆柱的共有线，在具有积聚性的投影面上先确定一些特征点的投影，再根据投影关系找到所有投影点，选取的点越多则相贯线的图形越精确。

3.5　拓展延伸

1. 命令的确定、继续、撤销、重做

执行命令完成操作后，AutoCAD 确定某一操作的方法一般是按回车键或空格键，大部分情况也可单击鼠标右键。有时命令结束后单击鼠标右键会弹出菜单，例如，画直线后，单击鼠标右键，在菜单中单击"确定"按钮。还有些特殊情况，需用特殊的确定方法。例如，输入单行文本后需按两次回车键，因为第一次回车为换行。当一个命令结束后，如果不进行确认操作，一般可继续当前命令的操作，而不需再输命令。即使进行确认操作后，通过单击鼠标右键可在菜单中继续选择前一命令。这是输入同样命令操作的较快方法，所以绘图时应将相同操作（如绘制不同直径的圆）放在一起进行。在操作中当需要撤销某命令时，可执行菜单"编辑（E）"→"放弃（U）"，或输入"Undo"，命令提示行出现"输入要放弃的操作数目或［自动（A）/控制（C）/开始（BE）/结束（E）/标记（M）/后退（B）］<1>："时，指定欲放弃命令的次数。另外，仅取消前一次操作时，可用模块 2 中介绍的输入"U"的方法，相当于 Undo1。当需要重新执行前边用 Undo 或 U 放弃的命令时，可执行菜单"编辑（E）"→"重做（R）"，或输入 OEDO，或单击标准工具栏的"重做"按钮即可。

2. 图层的应用

在画三视图时，可以利用图层的性质，合理利用主视图中已经确定的尺寸，生成俯视图草图。具体过程如下：在绘制完主视图时，将主视图锁住，就在主视图上绘制俯视图，这样就可以利用已经存在的图形的长度尺寸数据，直接生成俯视图，绘制完成后输入"M"，按回车键，选中图形，移动该图到俯视图位置即可，由于主视图已经锁住，主视图不会随着移动。在这个过程中，不需要考虑线型和颜色，而是在完成后用"特性"功能改变图元的属性。

习题 3

1. 如图 3-11 所示，根据立体图上标注的尺寸，先用形体分析法分析该图是由哪些基本几何体组成的，绘制组合体的三视图。设置图形界限为 297×210；设置图层为轮廓线层、虚线层、中心线层；以 LX3-1 命名，存盘。（未标尺寸请在图上直接量取）

2. 参考立体图（见图 3 - 12），根据两面视图绘制三视图的左视图。设置图形界限为 297 × 210；设置图层为轮廓线层、虚线层、中心线层；以 LX3 - 2 命名，存盘。（补充尺寸：大圆柱体的内孔为 φ35，其余未标尺寸请在图上直接量取）

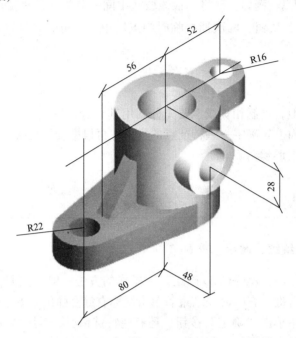

图 3 - 11   题 1 图

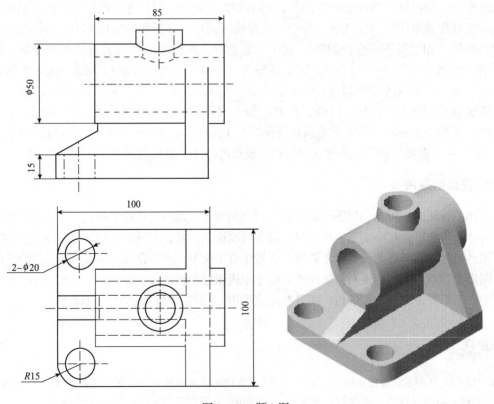

图 3 - 12   题 2 图

模块 **4**

剖视图和断面图的
表达与图案填充

4.1 项目分析

【项目结构】

本模块包括剖视图和断面图的有关概念，AutoCAD 的图案填充的设置，绘制零件的剖视图、断面图、车刀的工作图等任务。

【项目作用】

通过本模块练习，进一步掌握剖视图和断面图的表达方法，培养空间思维能力。掌握 AutoCAD 图案填充的运用，了解车刀工作图绘制的基本方法。

【项目指标】

（1）了解剖视图、断面图在表达机件时的作用，掌握剖视图和断面图的表达方法。

（2）掌握 AutoCAD 软件图案填充的设置与填充方法。

（3）进一步掌握图层的创建方法、设置图层的线型和颜色、控制图层的状态及切换图层的方法。

（4）了解剖切面、剖面区域、剖切线和剖切符号的含义；掌握视图、剖视图、断面图和局部放大图的基本绘制。

（5）了解图案填充的编辑。

4.2 相关基础知识

1. 剖视图的基本概念和分类

（1）什么是剖视图？如图 4-1 所示，假想用剖切面（常用平面或柱面）剖开机件，将处在观察者和剖切面之间的部分移去，而将其余部分向投影面投射所得的图形，称为剖视图，简称剖视，如图 4-2 所示。原来不可见的孔、槽都变成可见的了，比没有剖开的视图，层次分明，清晰易懂。

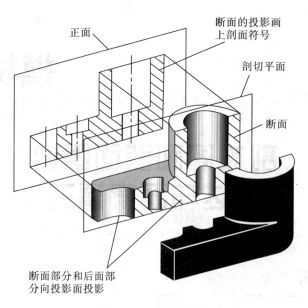

图 4 - 1　剖视的形成

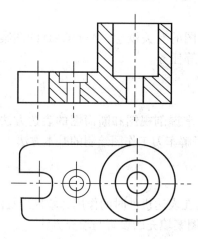

图 4 - 2　支架的剖视图

（2）剖视图的分类。GB/T 17452—1998《技术制图　图样画法　剖视图和断面图》规定，剖视图分为全剖视图、半剖视图和局部剖视图三种。

①全剖视图。用剖切面完全地剖开物体所得的剖视图，称为全剖视图。如图 4 - 2 的主视图，为了表示机件中间的孔和槽，选用一个平行于正面，且通过机件前、后对称平面的剖切平面，将机件完全剖开后向正面投射得到全剖视图。

②半剖视图。当物体具有对称平面时，向垂直于对称平面的投影面上投射所得的图形，以对称中心线为界，一半画成剖视图，另一半画成视图，这种剖视图称为半剖视图，如图 4 - 3 所示，主、俯和左视图都画成了半剖视图。看图时，根据机件形状对称的特点，可从半剖视图联系其他视图想象出机件的内部形状，又可从半个外形视图想出机件的外部形状，即可较全面和轻松地想象出机件的整体结构形状和相对位置。半剖视图主要用于内、外形状都需要表示的对称机件。

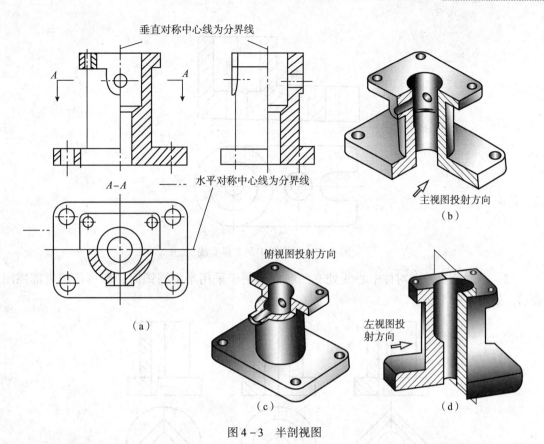

垂直对称中心线为分界线

A

A

A—A

水平对称中心线为分界线

主视图投射方向

（b）

俯视图投射方向

左视图投射方向

（a）

（c）

（d）

图 4-3　半剖视图

（3）局部剖视图。用剖切面局部地剖开物体所得的剖视图，称为局部剖视图。局部剖视图主要用于表达机件的局部形状结构，如图 4-4 所示，或不宜采用全剖视图或半剖视图的地方。在一个视图中，选用局部剖的数量不宜过多，否则会显得零乱以至影响图形清晰。

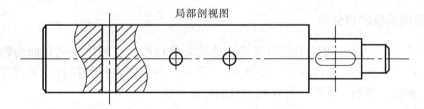

局部剖视图

图 4-4　局部剖视图

2. 画剖视图应注意的问题

（1）注意容易漏画的粗实线。在剖视图中应将剖切平面与投影面之间机件部分的可见轮廓线全部画出，不能遗漏。如图 4-5 所示，漏画了台阶孔后半个台阶面的积聚性投影线，应补上。

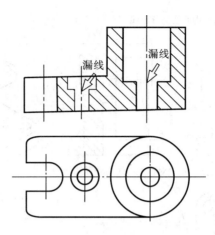

图 4 - 5　剖视图中漏画粗实线

（2）当对称机件在对称中心线处有图线而不便于采用半剖视图时，即可使用局部视图表示，如图 4 - 6 所示。

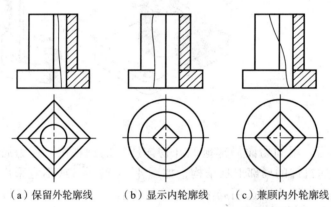

（a）保留外轮廓线　　　（b）显示内轮廓线　　　（c）兼顾内外轮廓线

图 4 - 6　对称中心线处有图线时的剖视图画法

3. 断面图的概念和分类

（1）什么是断面图？假想用剖切面将物体的某处切断，仅画出该剖切面与物体接触部分的图形，称为断面图，简称断面，如图 4 - 7 所示。断面图在机械图样中常用来表示机件上的肋板、轮辐、键槽、小孔、杆料和型材的断面形状。

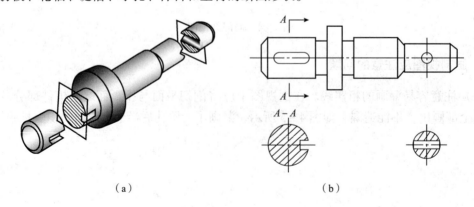

（a）　　　　　　　　　　　　　　（b）

图 4 - 7　断面图

（2）断面图的种类。断面图可分为移出断面和重合断面两种。

①移出断面。移出断面图的图形画在视图之外，轮廓线用粗实线绘制，参见图4－7。

②重合断面。重合断面图的图形画在视图之内，断面轮廓线用细实线绘制。当视图中轮廓线与重合断面图的图形重叠时，视图中轮廓线仍应连续画出，如图4－8所示。

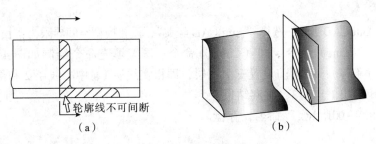

图4－8   重合断面

4. 肋板、轮辐、孔在剖视图中的规定画法

肋板和轮辐在剖视图中的画法如图4－9所示。当剖切平面通过肋板和轮辐的对称平面或对称线时，称为纵向剖切。按制图的国家标准规定，纵向剖切肋板和轮辐时，剖面区域都不画剖面线，而用粗实线将它与其邻接部分分开，如左视图中箭头所指。

当剖切平面将肋板和轮辐横向剖切时，要在相应的剖视图的剖面区域上画上剖面符号，如图4－9（b）的 $B－B$ 剖视图所示。

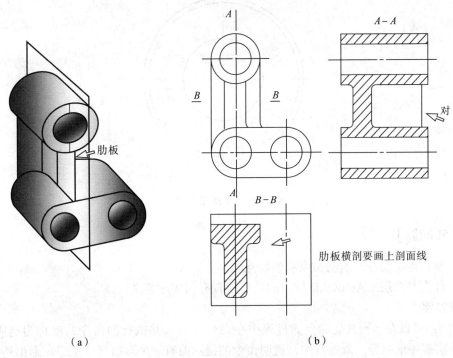

图4－9   肋板在剖视图中的画法

4.3 任务 1——绘制垫圈的视图

【任务要求】

（1）启动 AutoCAD 2012，选择"AutoCAD 经典"，设置模型空间界限为：长 420，宽 297。

（2）用直线（Line）命令、圆（Circle）命令、图案填充命令绘制如图 4 – 10 所示的垫圈零件图（尺寸不标）。绘图前设置三个图层，即粗实线层 1、中心线层 2 和剖面线层 3。绘制完，分别关闭图层 1、2、3，观察结果。

（3）以"SX4-001. dwg"命名，存盘。

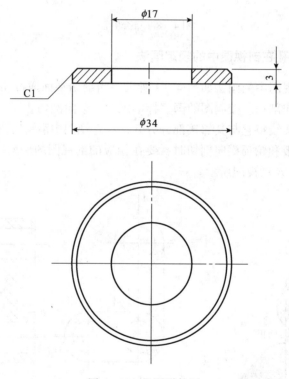

图 4 – 10　垫圈零件图

【思考问题】

（1）何谓透明命令？透明命令有何特点？

（2）什么是图层？AutoCAD 软件的图层设置有何实际意义？

参考答案

问题 1：可以在运行其他命令的过程中在命令行输入并执行的命令，就称为透明命令。透明命令前有一单引号。命令行中，透明命令的提示前有一个双折号"〉〉"。退出透明命令后将继续执行原命令。透明命令多为修改图形设置的命令，或是打开绘图辅助工具的命令，例如，"'Snap"、"'Grid"或"'Zoom"、"'Pan"等。

问题 2：图层（Layer）是 AutoCAD 软件中非常重要的一个图形管理功能。一个图层可以被想象为一张完全透明的透明纸，设置几个图层，就相当于有几张透明纸，每个图层上绘制了一张图样上的不同图形要素，把这些图层叠加起来，就能显示完整的图样信息。当关闭某一图层时，就相当于移走了这张透明纸。绘图人员可以将不同的图形对象绘制在不同的图层上，修改某一图层中的图像要素时不会影响其他图层。我们还可以对图层进行"冻结"、"锁定"等操作。因此，图层在图形绘制过程中具有重要的实际意义。

【操作步骤】

（1）配置绘图环境。启动 AutoCAD 2012，选择"AutoCAD 经典"，设置模型空间界限为：长 420，宽 297，用"Zoom"→"All"将图纸满屏。新建轮廓线层、中心线层、剖面线层。规划图层如表 4 - 1 所示。

表 4 - 1　规划图层

图层名	用途	线型	线宽	颜色
0		Continuous	默认	默认
lkx	轮廓线	Continuous	0.5	默认
center	中心线	Center 线性比例 0.01	0.25	红色
pmx	剖面线	Continuous	0.25	蓝色

（2）打开状态栏的"正交"模式，在中心线层绘制垫圈的中心线，确定主、俯视图的位置，如图 4 - 11 所示。

（3）输入圆命令"C"，设置对象捕捉为"交点"，或按住 Shift 键的同时，单击鼠标右键，选临时捕捉点"交点"，单击俯视图上的中心线交点，输入"D"，输入直径为"34"，用同样的方法绘制直径为 17 的圆，如图 4 - 12 所示。

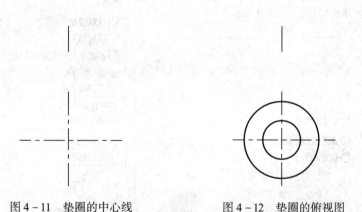

图 4 - 11　垫圈的中心线　　　　图 4 - 12　垫圈的俯视图

（4）输入"L"，设置对象捕捉为"象限点"，分别单击圆的左右象限点，绘制四条垂直线，再通过主视图上的中心线作一条水平线。输入偏移命令"O"，输入垫片的厚度 3，选中刚才画的水平线，向下移动光标，单击即得另一轮廓线，如图 4 - 13 所示。

（5）输入修剪命令"TR"，按回车键，选择边界，修剪图线得到如图 4 - 9 所示的视图。

（6）绘制倒角。单击"倒角"按钮 ，输入倒角距离为 1，角度为 45°，依次单击主视图需倒角的两边。绘制俯视图上的倒角圆。

（7）输入图案填充命令"BH"，或单击图案填充按钮，或执行"绘图（D）"→"图案填充（H）"命令，弹出"图案填充和渐变色"对话框（早期版本无渐变色），如图 4－14 所示。单击"图案（P）"右边的按钮，在弹出的"填充图案选项板"中选"ANSI"选项卡，单击其中的"ANSI31"，单击"确定"按钮，如图 4－15 所示。将"图案填充和渐变色"对话框下面的比例设为0.75，"类型"设置为"预定义"，"角度"设置为"0"，其余为默认值。然后单击"添加：拾取点"按钮，单击要填充主视图区域的封闭框内一点，按回车键，返回对话框。预览设置效果。单击"预览"按钮，进入绘图状态，显示图案填充结果。预览后按回车键，返回"图案填充和渐变色"对话框。若剖面线间距不合适，可修改"缩放比例"值，修改后再预览，直至满意为止。在"图案填充和渐变色"对话框中单击"确定"按钮，完成剖面线的绘制。

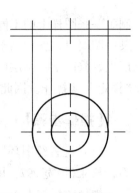

图 4－13　绘制主视图

图 4－14　"图案填充和渐变色"对话框

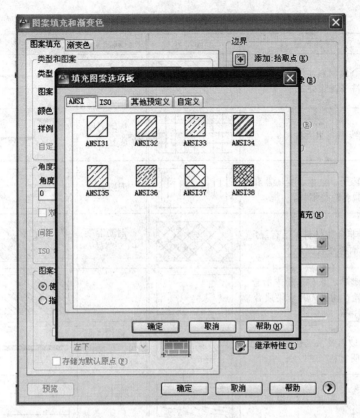

图4-15　填充图案选项板

【知识链接与操作技巧】

1. 剖面符号的规定

在机械工程图样中，可以使用不同的图案填充来表达不同的零部件或者材料。各种材料的剖面符号如表4-2所示。

2. 图案填充的选项

（1）类型和图案。

①"类型"下拉列表框：设置填充的图案类型，包括"预定义"、"用户定义"和"自定义"3个选项。其中，选择"预定义"选项，可以使用 AutoCAD 提供的图案；选择"用户定义"选项，则需要临时定义图案，该图案由一组平行线或者相互垂直的两组平行线组成；选择"自定义"选项，可以使用事先定义好的图案。

②"图案"下拉列表框：设置填充的图案，当在"类型"下拉列表框中选择"预定义"时，该选项可用。在该下拉列表框中可以根据图案名选择图案，也可以单击其后的按钮，在打开的"填充图案选项板"对话框中进行选择。

③"样例"预览窗口：显示当前选中的图案样例，单击所选的样例图案，也可打开"填充图案选项板"对话框选择图案。

④"自定义图案"下拉列表框：显示可用的自定义图案，在"类型"下拉列表框中选择"自定义"类型时，该选项才可用。

表 4-2　各种材料的剖面符号

材料名称	剖面符号	材料名称	剖面符号
金属材料（已有规定剖面符号者除外）		木质胶合板（不分层数）	
线圈绕组元件		基础周围的泥土	
转子、电枢、变压器和电抗器等的叠钢片		混凝土	
非金属材料（已有规定剖面符号者除外）		钢筋混凝土	
型砂、填砂、粉末冶金、砂轮、陶瓷刀片、硬质合金刀片等		砖	
玻璃及供观察用的其他透明材料		格网（筛网，过滤网等）	
木材　纵剖面		液体	
木材　横剖面			

（2）角度和比例。

①"角度"下拉列表框：设置填充图案的旋转角度。每种图案默认的旋转角度都为 0°。值得注意的是，此处 0°为 45°倾斜剖面线，如图 4-16（a）所示。而 45°为垂直剖面线，如图 4-16（b）所示。

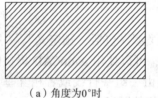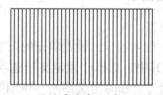

（a）角度为 0°时　　　　　（b）角度为 45°时

图 4-16　图案填充"角度"设置示例

②"比例"下拉列表框：设置图案填充时的比例值。可以根据需要放大或缩小剖面线的疏密程度。每种图案在定义时的默认比例为 1，在"类型"下拉列表框中选择"用户自定义"时该选项不可用。注意，当比例过大时，填充的图案将不被显示。此时应减小比例的值才能填充。

③"双向"复选框：当在"图案填充"选项卡中的"类型"下拉列表框中选择"用户自定义"选项时，选中该复选框，可以使用相互垂直的两组平行线填充图形；否则为一组平行线。

④ "相对图纸空间"复选框：设置比例因子是否为相对于图纸空间的比例。其优点是可以按照布局的比例方便地显示图案填充。

⑤ "间距"编辑框：设置填充平行线之间的距离，只有在"类型"下拉列表框中选择"用户自定义"时，该选项才可用。

⑥ "ISO 笔宽"下拉列表框：设置笔的宽度，当填充图案采用 ISO 类型的图案时，该选项才可用。

（3）图案填充原点。在"图案填充原点"选项组中，可以设置图案填充原点的位置，因为许多图案填充需要对齐填充边界上的某一个点。其中主要选项的功能如下。

① "使用当前原点"单选按钮：可以使用当前 UCS 的原点（0，0）作为图案填充原点。

② "指定的原点"单选按钮：指控制填充图案生成的起始位置，可以通过指定点作为图案填充原点。

（4）边界。在"边界"选项组中，包括"拾取点"、"选择对象"等按钮，其中主要选项的功能如下。

① "拾取点"按钮：以拾取点的形式来指定填充区域的边界。单击该按钮切换到绘图窗口，可在需要填充的区域内任意指定一点，系统会自动计算出包围该点的封闭填充边界，同时亮显该边界。如果在拾取点后系统不能形成封闭的填充边界，则会显示错误提示信息。

② "选择对象"按钮：单击该按钮将切换到绘图窗口，可以通过选择对象的方式来定义填充区域的边界。

③ "删除边界"按钮：单击该按钮可以取消系统自动计算或用户指定的边界。

④ "重新创建边界"按钮：重新创建图案填充边界。

⑤ "查看选择集"按钮：查看已定义的填充边界。单击该按钮，切换到绘图窗口，已定义的填充边界将亮显。

（5）编辑图案填充。创建了图案填充后，如果需要修改填充图案或修改图案区域的边界，可选择"修改"→"对象"→"图案填充"命令，然后在绘图窗口中单击需要编辑的图案填充，这时将打开"图案填充编辑"对话框。"图案填充编辑"对话框与"图案填充和渐变色"对话框的内容完全相同，只是定义填充边界和对孤岛操作的某些按钮不可再用。

（6）分解图案。图案是一种特殊的块，称为"匿名"块，无论形状多复杂，它都是一个单独的对象，可以使用"修改→分解"命令来分解一个已存在的关联图案。

【小结】

本实训任务看似简单，但它包含了绘制零件图的基本操作内容，是绘制较复杂图形的基础。剖面线应放在一个单独的图层中，以便于管理。

4.4　任务2——绘制车刀的工作图

【任务要求】

（1）启动 AutoCAD 2012，选择"AutoCAD 经典"，设置模型空间界限为：长 420，宽 297。

（2）用直线（Line）命令、图案填充命令绘制如图 4-17（尺寸不标）所示的 90°车刀

（偏刀）工作图。绘图前设置三个图层，即粗实线层1、辅助线层2和剖面线层3。绘制完毕，分别关闭图层1、2、3，观察结果。

（3）以"SX4-002.dwg"命名，存盘。

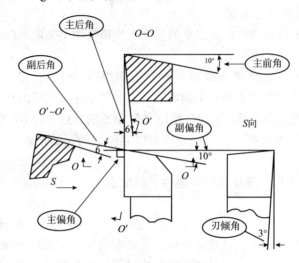

图4-17　车刀的工作图

【思考问题】

（1）车刀的工作图主要应标注哪些角度？这些角度分别是在哪个面内测量的？

（2）AutoCAD软件如何准确绘制与坐标轴成一定角度或相互成一定角度的直线？

参考答案

问题1：车刀的工作图主要应正确表达车刀的主、副前角、主、副后角、主偏角、副偏角和刃倾角等。主前角和主后角是在主正交平面内测量的，副前角、副后角是在副正交平面内测量的，主偏角和副偏角是在基面内测量的。刃倾角则用向视图表示。

问题2：AutoCAD 2007默认极坐标水平向右的方向，即与X轴方向一致的方向为0°，垂直向上的方向为90°。绘制一条与X轴正方向成一定角度的直线可以选用极坐标法，但用极轴追踪的方法更快捷。绝对极轴角测量，角度规定同极坐标法。相对极轴角测量，是以一条已知线段（或切线）为参照，由已知线段任一端点沿此线方向指向线段外为0°，方向也是按逆时针旋转。

【操作步骤】

（1）启动AutoCAD，配置绘图环境。在桌面双击AutoCAD 2012图标，选择"AutoCAD经典"，设置模型空间界限为：长420，宽297。输入"LA"，打开"图层特性管理器"，单击"新建"按钮，设置图层如表4-3所示。

表4-3　设置图层

图层名	用途	线型	线宽	颜色
0	轮廓线	Continuous	0.5	默认
fzx	辅助线	Continuous	0.15	红色
pmx	剖面线	Continuous	0.25	蓝色
pqwz	剖切位置线	Continuous	0.8	默认

（2）用鼠标右键单击"极轴"，在弹出的选项中单击"设置"，在弹出的"草图设置"对话框中，将"启用极轴追踪"前的方框打钩，勾选"用所有极轴角设置追踪（S）"。再单击"附加角"边上的"新建（N）"按钮，在"极轴角测量"中勾选"绝对（A）"，在附加角对话框内输入 350、354、267、276、344，如图 4-18 所示。

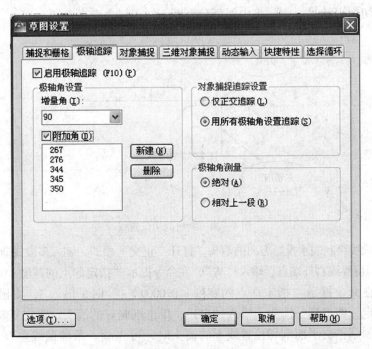

图 4-18　新建"附加角"

（3）绘制主视图。90°车刀的主偏角为直角，因此主切削刃为垂直线。在 0 层输入"L"，打开"正交"模式，在适当位置单击一点作为刀尖点，向下移动长度 60，按回车键，输入另一点，得到主切削刃，向右移动光标，输入 60。单击鼠标右键，在右键菜单中选第一项"重复直线命令"，单击刀尖，向右画一条水平辅助线，选中此辅助线，将对象特性中的图层改为辅助线层。按 F10 键，打开"极轴"，在对象捕捉工具栏中选择"端点"，或在绘图区按住 Shift 键的同时单击鼠标右键，在 0 层再单击刀尖，向右下方移动光标，当极轴出现 350°，光标处显示 10°时单击输入一点，作出副切削刃。将主切削刃向右偏移 60，再画一条向下倾斜的直线，如图 4-19 所示。画一条斜线，经修剪后再画出刀杆的一部分，得到主视图。

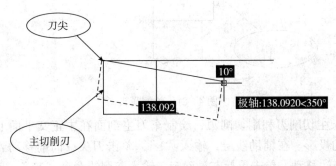

图 4-19　用极轴追踪绘前刀面的投影线

（4）在主视图上绘制剖切位置线。主正交平面垂直于主切削刃，故剖切位置线垂直于主切削刃，在 pqwz 线层经过主切削刃上一选定点画一条水平线，输入"BR"打断命令，先单击左边近端点处一点，再单击右边近端点处一点，将中间部分打断，两边各留一小段，如图 4-20 所示。输入"L"，单击副切削刃外一点，向副切削刃上一选定点引垂线，将此线复制或镜像到副切削刃的另一侧，将中间部分打断。

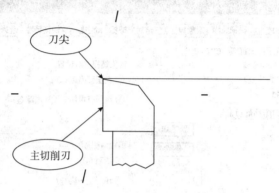

图 4-20　绘制剖切位置线

（5）用多段线绘制表示投影方向的箭头。打开"正交"模式，输入多段线命令"PL"，单击主正交平面剖切位置线右外端点，输入"W"，在命令提示"指定起点的宽度 <0.0000>:"时直接按回车键，在命令提示"指定端点的宽度 <0.0000>:"时，输入 3，将鼠标移到前面适当位置单击确定，即得到一箭头。输入"CO"，单击刚画好的箭头，将它复制到左边剖切位置线左侧。绘制副正交平面剖切位置线上的箭头时，可先画一条辅助线垂直于剖切位置线，方法是指定箭头方向端点，即单击左边适当位置的某点，选对象捕捉工具栏中的"垂足"，移动光标到剖切位置线上，当出现"垂足"黄色框时单击确定。若垂足不在端点，只需修剪一下。再在辅助线上绘制多段线，绘好后删去辅助线。将画好的一个箭头复制另一段，如图 4-21 所示。

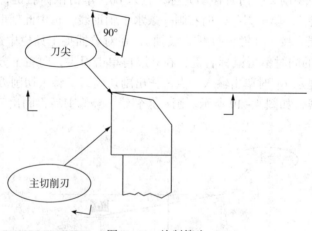

图 4-21　绘制箭头

（6）分别延长主切削刃和副切削刃，绘制车刀主剖面在主正交平面上的投影和副剖面在副正交平面上的投影。在辅助线层，输入"L"，单击刀尖，向前移动到适当位置，单击鼠标右键，再向右边移动，单击鼠标左键确定。输入参照线命令"XL"，单击刀尖和副切削刃上另一点，过参照线下一点作参照线的垂线，如图 4-22 所示。

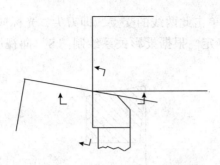

图 4 – 22　绘制车刀测量平面的投影线

在 0 层输入"L"，关闭"正交"模式，单击对象捕捉工具的"交点"，按 F10 键，单击主正交平面两辅助线的交点，向右下方移动光标，当屏幕出现 350° 时，单击鼠标左键确定。再在出现 276° 时单击鼠标左键确定。同样单击副正交平面两辅助线的交点，当屏幕出现 344° 时，单击鼠标左键确定，如图 4 – 23 所示。在主正交平面上，将基面投影线（水平辅助线）向下偏移 58，打开"正交"模式，单击主正交平面与车刀轮廓线的交点，移动到与前刀面相交，单击鼠标左键确定。副正交平面用波浪线表示切削刃局部。

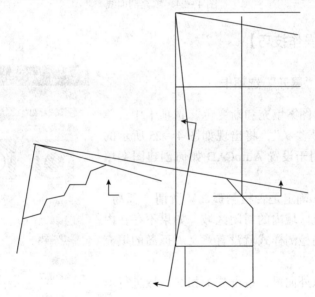

图 4 – 23　绘制车刀剖面图的轮廓线

（7）绘制剖面线。将图 4 – 23 中偏移后的线切换到 0 层，得到两个封闭的图形，输入图案填充命令"BH"，单击"图案（P）"右边的按钮，在弹出的"填充图案选项板"中选择"ANSI"选项卡，单击其中的"ANSI31"，单击"确定"按钮，参见图 4 – 15。将"图案填充和渐变色"对话框下面的比例设为 1，"类型"设置为"预定义"，"角度"设置为"0"，其余为默认值。然后单击"添加：拾取点"按钮，单击要填充区域的封闭框内一点，按回车键，返回对话框。预览设置效果。单击"预览"按钮，进入绘图状态，显示图案填充结果。预览后按回车键，返回"图案填充和渐变色"对话框。若剖面线间距值不合适，可修改"缩放比例"值，本例可将比例修改为 1.5，即单击"比例"右边的黑三角，选 1.5。修改后再预览，如果满意单击"确定"按钮，完成剖面线的绘制。

（8）绘制"S"向视图。在 fzx 层单击主视图刀尖，打开"正交"模式，绘制 一段水平辅助线，再向下绘制垂线。单击此两线的交点，即刀尖，光标向下放在垂直线左侧，当出现267°时，单击鼠标左键确定。根据投影关系绘制"S"向视图的其他部分，如图4-24所示。

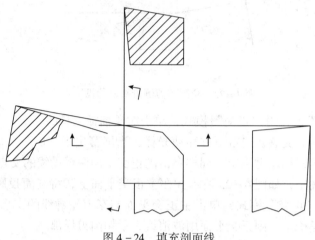

图4-24　填充剖面线

【知识链接与操作技巧】

1. 图案填充的"展开"选项卡

在图4-14的"图案填充和渐变色"选项卡中，单击右下方的展开符号"＞"，将出现如图4-25所示的选项卡。该选项卡用于设置AutoCAD如何创建图案填充及填充边界。

（1）孤岛检测：确定是否检测孤岛。所谓"孤岛"指位于选定的总填充区域内的封闭区域。如果不存在内部边界，则指定孤岛检测样式就没有意义。孤岛的填充方式有三种。

①普通方式：从外向里，每奇数个相交区域进行填充，在交替的区域间填充图案。

②外部方式：只将最外层画上剖面线。

③忽略方式：忽略边界内的所有孤岛，全部画上剖面线。

因为边界集可以精确定义，所以一般情况下选用"普通"样式。

（2）对象类型：控制新边界的类型。用户可单击右边的小箭头，从下拉列表中选取面域、多段线。"保留边界"复选框用于设置填充时是否创建边界对象。

（3）边界集：相当于"边界"命令，建立填充剖面线的边界。

图4-25　图案填充展开项

（4）孤岛检测方法：指定是否把包含在最外面边界以内的另一边界对象作为孤岛。有两种方法：填充法是将内部的对象作为孤岛；射线法是指从用户指定的一个点出发到最近的一个对象作一条直线，然后按逆时针方向扫描边界，并且把边界内的孤岛排除。

（5）"新建"按钮。提示选择用来定义边界集的对象。

（6）"允许的间隙"选项卡。设置将对象用做图案填充边界时可以忽略的最大间隙。默认值为 0，此值指定对象必须封闭区域而没有间隙。

按图形单位输入一个值（0～5000），以设置将对象用做图案填充边界时可以忽略的最大间隙。任何小于或等于指定值的间隙都将被忽略，并将边界视为封闭。

（7）"继承选项"。使用"继承特性"创建图案填充时，这些设置将控制图案填充原点的位置。其中的"使用当前原点"指使用当前的图案填充原点设置；"使用源图案填充的原点"指使用源图案填充的图案填充原点。

2. 延长一条倾斜线的技巧

延长一条水平线或垂直线，只要打开"正交"模式即可。而一条任意角度的倾斜线将如何延长呢？

方法一：先从线段的一个端点检查直线的角度（与 X 轴正方向的夹角），打开"极轴"，将"端点"处的夹点拉长。

方法二：如果要按一定的比例拉长，可用"比例"缩放按钮。

方法三：用"复制"命令，在选择基点时选第一个端点，将其复制到另一个端点，线段成倍延长。但这样得到的是两段线，如要合并为一根线，可用"合并"工具。

3. 两相邻剖面的剖面线对齐的技巧

当相邻两剖面填充不同方向的剖面线时，欲使两剖面线对齐，可先填一侧的剖面线，然后输入"Snapbase"命令，单击剖面线的任一端点，再填充右侧剖面线即可对齐，如图 4-26 所示。

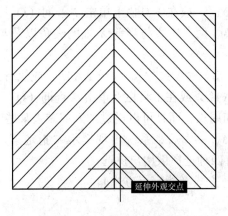

图 4-26　相邻剖面线对齐

【小结】

（1）可用"极轴"捕捉法绘制具有一定角度的直线。软件默认 X 轴的正方向为 0°。

（2）可用"多段线"绘制箭头等粗细变化的线段。

（3）绘制通过一已知直线上的一点，且与已知直线垂直的直线，可先在任意位置作已知直线的垂线，再将作出的线移至要求通过的点。

4.5 拓展延伸

AutoCAD 为我们提供了实用的信息查询功能。

1. 实现查询的方法

（1）从命令行输入相应的"查询"命令。

（2）单击"工具（T）"下拉菜单栏中的"查询（Q）"子菜单中的某选项。

（3）鼠标右键单击任一工具栏，在工具栏列表中单击"查询"，再单击"查询"工具栏的某按钮，"查询"工具栏如图 4-27 所示。

图 4-27　查询工具栏

2. 查询的项目

（1）查询点的位置。输入命令："ID"，或执行菜单命令"工具（T）"→"查询（Q）"→"点坐标（I）"，或在工具栏上单击"查询（Q）"→"点坐标（I）"，系统提示"指定点"，在该提示下使用对象捕捉功能，单击要查询的点，或者输入一个点的 X、Y、Z 坐标值，系统将显示"X =（查询点的 X 坐标），Y =（查询点的 Y 坐标），Z =（查询点的 Z 坐标）"。

（2）查询两点间的距离。输入命令："Dist（或 DI）"，或执行菜单命令"工具（T）"→"查询（Q）"→"距离（D）"，或在工具栏上单击"查询（Q）"→"距离（D）"，应用该命令可以查询两点间的距离、两点连线与当前 X 轴的夹角以及与 XY 平面的夹角及两点 X、Y 坐标值的差。

（3）查询图形的面积。输入命令："Area（或 AA）"，或执行菜单命令："工具（T）"→"查询（Q）"→"面积（A）"，或在工具栏上单击"查询（Q）"→"面积（A）"，应用该命令可以查询图形的面积和周长，而且可以通过加入或减去某些图形的面积，来计算组合图形的总面积。在输入"Area"命令后，系统出现提示"指定第一个角点或〔对象（O）/加（A）/减（S）〕:"此时共有四种选择供用户挑选：

① "指定第一个角点"方式（指定点方式）。

② "对象（O）"方式。

③ "加（A）"方式。

④ "减（S）"方式。

（4）查询图形数据库。输入命令："List（或 LI）"，或执行菜单："工具（T）"→"查询（Q）"→"列表显示（L）"，或在工具栏上单击"查询（Q）"→"列表显示（L）"，使用该命令可以查询指定对象的数据库信息，可以同时指定多个对象，系统会分别列出各个被查询对象的信息。

习题 4

1. 启动 AutoCAD，选择"AutoCAD 经典"，设置模型空间界限为：长 210，宽 297。建立粗实线、中心线、剖面线三个层，按如图 4 – 28 所示图形绘制，保存为"SX4 – 003. dwg"。

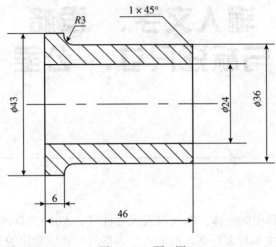

图 4 – 28　题 1 图

2. 用直线（Line）命令、偏移（Offset）命令、图案填充命令绘制图 4 – 29（尺寸不标）。绘图前设置三个图层，即粗实线层 1、中心线层 2 和剖面线层 3。绘制完，分别关闭图层 1、2、3，观察结果。以"SX4 – 004. dwg"命名，存盘。（未标尺寸请在图上直接量取）

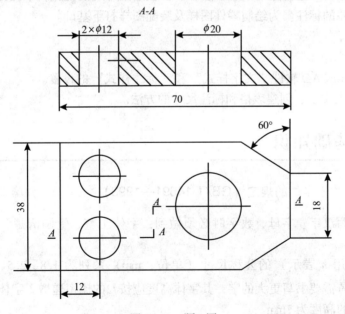

图 4 – 29　题 2 图

模块 5

输入文字、表格
与标注尺寸、公差

5.1 项目分析

【项目结构】

本模块包括机械图样中的字体、图线以及尺寸注法；AutoCAD 的"文字样式"和"标注样式"的设置，单行文本和多行文本的输入，表格的创建，常用的尺寸标注方法等。

【项目作用】

通过本模块练习，进一步掌握机械制图标准有关图样中字体、尺寸及其单位的规定；进一步掌握尺寸公差和形位公差的概念；进一步掌握绘图环境的配置，掌握文字的输入、各种尺寸的标注和公差的标注。为绘制零件图样及装配图样打下基础。

【项目指标】

（1）掌握 AutoCAD 软件"文字样式"和"标注样式"的设置。
（2）掌握输入文字、创建表格和标注尺寸的方法。

5.2 相关基础知识

1. 国家标准关于字体的规定（GB/T 14691—1993）

在图样中书写汉字、字母、数字时必须做到：字体工整、笔画清楚、间隔均匀、排列整齐。

字体高度（用 h 表示）的公称尺寸（单位：mm）系列为 1.8、2.5、3.5、5、7、10、14、20 等 8 种。若需要书写更大的字，其字体高度应按 $\sqrt{2}$ 的比率递增。字体高度代表字体的号数，如 7 号字的高度为 7mm。

图样上的汉字应写成长仿宋体（直体），并采用国家正式公布推行的简化字。汉字的高度 h 不应小于 3.5mm，其字宽一般为 $h/\sqrt{2}$。

字母和数字可写成斜体或直体。斜体字的字头向右倾斜，与水平基准成 75°。图样上一般采用斜体字。

2. 尺寸标注相关基础知识

尺寸是工程图样中很重要的组成部分，它用于确定图形的大小、形状和位置，是实际生产的重要依据。

（1）尺寸基本要素。一个完整的尺寸标注由尺寸线、尺寸界线、尺寸箭头和尺寸数字组成。

①尺寸界线。从图形的轮廓线、轴线、对称中心线引出，有时也可以借助于轮廓线，用以表示尺寸起始位置的线。一般情况下，尺寸界线应与尺寸线相互垂直。

②尺寸线。一般与所标注的对象平行，放在两尺寸界线之间的线。尺寸线不能借助于任何的图线，必须单独画出。

③尺寸箭头。在尺寸线两端，用以表明尺寸线的起始位置。尺寸箭头有多种不同的形式，可用于不同的场合。

④尺寸数字。标注在尺寸线的上方或中断处，用以表示所选定图形的具体大小。Auto-CAD 自动生成所要标注图形的尺寸数值，用户可以接受、添加或修改此尺寸数值。

（2）尺寸线和数字样式。机械图上的尺寸线终端多采用箭头。在同一张图样中，箭头的大小应一致，其尖端应指向并止于尺寸界线。尺寸线终端形式如图 5-1 所示。图中的 b 为粗实线线宽。

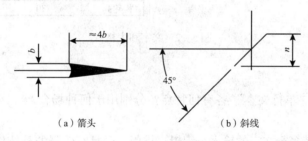

（a）箭头　　　　　　　　　（b）斜线

图 5-1　尺寸线的终端形式

尺寸数字用来表示机件的实际大小，一律用标准字体书写（一般为 3.5 号字），在同一张图样上尺寸数字的字高应保持一致。线性尺寸的数字通常注写在尺寸线的上方或中断处。尺寸数字不允许被任何图线穿过，尺寸数字与图线重叠时，需将图线断开。当图中没有足够地方标注尺寸时，可引出标注。

3. 公差配合有关基础知识

（1）尺寸公差。尺寸公差就是允许尺寸的变动量。

尺寸公差 = 最大极限尺寸 - 最小极限尺寸 = 上偏差 - 下偏差

（2）形状误差和公差。形状误差是指单一实际要素的形状对其理想要素形状的变动量。单一实际要素的形状所允许的变动量称为形状公差。

（3）位置误差和公差。位置误差是指关联实际要素的位置对其理想要素位置的变动量。理想位置由基准确定。关联实际要素的位置对其所允许的变动全量称为位置公差。

（4）形状和位置公差的注法。国家标准 GB/T 1182—1996 规定，形位公差在图样中应采用代号标注。代号由公差项目符号、框格、指引线、公差数值和其他有关符号组成。Auto-CAD 中内置了形状和位置公差代号样式，调用时只需设置项目符号和公差数值即可。

5.3 任务1——按要求输入文字和绘制表格

【任务要求】

（1）如图5-2所示，在 AutoCAD 2012 中建立新字体样式，并输入文字。

（2）运用不同的字体及字号在图形文件中输入多行文本。

（3）绘制表格并在表格中写入文字或数字。

（4）通过本次实训，能够书写符合要求的多行文字。

特殊**字符**、分数表示：

$45°$ 、± 0.02 $\phi\underline{20}$ $\frac{2}{3}$ 3^2

技术要求

1. 各部件装配时，需要用煤油洗净，并涂上一层润滑脂。

2. 装配好后，箱内注入润滑油，大齿轮的1/2高浸入油中。

3. 箱体接触面均匀涂漆片，禁放垫片。

齿轮参数		
	齿数	模数
齿轮1	20	1
齿轮2	60	2
齿轮3	40	3
齿轮4	80	4

图5-2 文字和表格

【思考问题】

"多行文本"和"单行文本"各有何特点？分别用于何种场合？

参考答案

"多行文本"支持多行文字的输入、编辑、排版，既具有较强的整体修饰功能，又有对几行或几个文字的文本的局部修饰功能。输入多行文本时，在输入框的上方显示"文字格式"工具栏，它是输入整块多行文字的有效工具，具有选择"文字样式"、改变"堆叠方式"、编辑"颜色"、插入"文件"、输入"特殊符号"等许多功能，故"多行文本"可用于输入较复杂的多行文字，也可用于输入单行文字。"单行文本"每次只能输入一行，输入前可在命令行对文字的位置、对齐方式、文字高度等进行设置，一般用于输入一行较简单的文字。

【操作步骤】

1. 设置文字样式

新建"工程字体"样式，字体名为"T 仿宋 GB2321"，宽度比例为"0.67"。

（1）执行"格式（O）"→"文字样式（S）"菜单命令，打开"文字样式"对话框，如图5-3所示。

（2）去掉"使用大字体"前的对钩，单击"新建"按钮，打开"新建文字样式"对话框。在"样式名"后的对话框输入"图样文字"作为文字样式名，单击"确定"按钮，返回"文字样式"对话框，如图5-4所示。

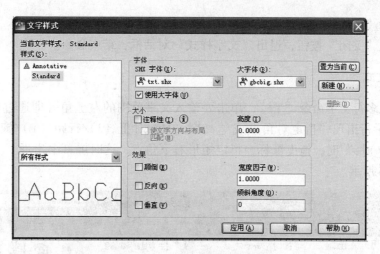

图 5 - 3　"文字样式"对话框

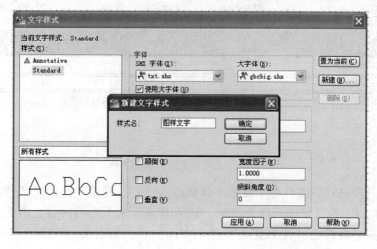

图 5 - 4　"新建文字样式"对话框

（3）在"字体名"下拉列表框中选择"T 仿宋_GB2312"字体，在"宽度比例"文本框中输入"0.67"，其他选项使用默认值，如图 5 - 5 所示。

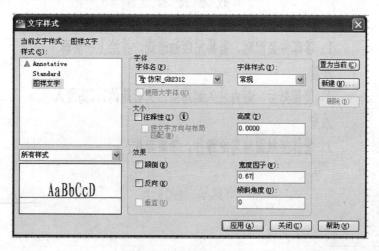

图 5 - 5　文字样式设置

（4）单击"应用"按钮，完成创建。

（5）单击"关闭"按钮，退出"文字样式"对话框，结束命令。

2. 输入文本

（1）输入多行文字命令"T①"，单击要输入文字范围的左上角（即通过单击指定第一点），命令提示行出现"指定对角点或［高度（**H**）/对正（**J**）/行距（**L**）/旋转（**R**）/样式（**S**）/宽度（**W**）］:"时，拖曳鼠标，指定矩形右下角点，这时屏幕上出现"文字编辑"面板，如图5-6所示。

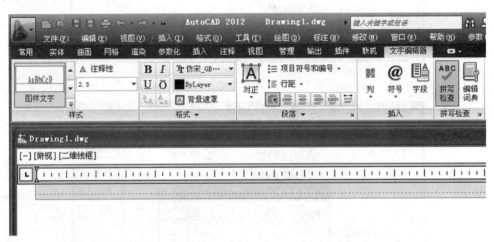

图5-6 文字格式工具和输入框

（2）在"文字格式"工具栏中设置字体高度为"7"，在第一行输入"技术要求"四个字，按回车键换行，改设字体高度为"5"，输入技术要求下面的内容，将光标定位在"技术要求"前，按空格键把"技术要求"移至中间位置，如图5-7所示。单击工具条上的"确定"按钮，完成这部分的文字输入。

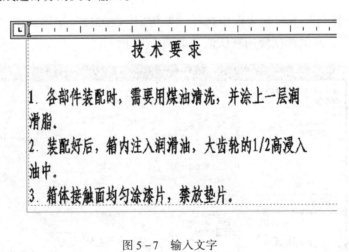

图5-7 输入文字

注①：在AutoCAD早期版本，多行文字的命令为"MT"。

（3）输入多行文字命令"T"，单击右边输入文字范围的左上角，拖曳鼠标到右下角点。在"文字格式"中设置字高为 7，输入"特殊"，再设置字高为 10，输入"字符"，将光标定位到"字符"的起始处，单击鼠标左键，将光标拖到两字的末尾，选中"字符"，分别按下"I"和"B"将选中的字变为斜体和加粗。输入"45"，单击工具条上的"@"按钮，在出现的符号列表中选择"度数（D）"，就输入了 45°。在"@"的下拉列表中再选正负（P），输入"±"，输入 0.02。选"直径（I）"，输入"φ"，再输入 20，选中"20"单击工具条的下画线按钮。输入"2/3"，选中后单击堆叠按钮" $\frac{a}{b}$ "，将"2/3"改为" $\frac{2}{3}$ "。

3. 绘制表格

（1）执行"绘图"→"表格"菜单命令，打开"插入表格"对话框，如图 5-8 所示。在"插入表格"对话框的第一行输入表格名称，然后指定插入点、列和行的数目（3 列 6 行）、列宽和行高（接受默认值）。

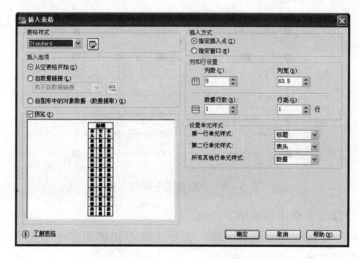

图 5-8　"插入表格"对话框

设置对话框后，单击"确定"按钮，关闭对话框，返回绘图区。

指定插入点：拖动表格至合适位置后，单击鼠标左键，完成表格创建。

（2）输入表格中的文字。双击单元格，单元格被激活，同时出现"文字格式"工具条。这时就和输入多行文字一样，在单元格中输入文字。

【知识链接与操作技巧】

1. 编辑多行文字

编辑多行文字较简单的方法是：选中需要修改的多行文字，单击鼠标右键，在弹出的右键菜单中单击"编辑多行文字（I）…"，系统打开"多行文字编辑器"，并在工具条下面的编辑框中显示所选文字。"多行文字编辑器"可以对多行文字的文字和文字格式进行修改，包括字型、字高和颜色等，进行修改后，单击"确定"按钮结束编辑命令。

2. 编辑表格

（1）使用夹点编辑表格。

①单击表格线以选中该表格，显示夹点。

②单击以下夹点之一：

❖ "左上"夹点——用于移动表格。

❖ "左下"夹点——用于修改表格高并按比例修改所有行。

❖ "右上"夹点——用于修改表格宽并按比例修改所有列。

❖ "右下"夹点——用于同时修改表格高和宽并按比例修改行和列。

❖ "列夹点"（在列标题行的顶部）——用于修改列的宽度，并加宽或缩小表格以适应此修改。

❖ "Ctrl + 列夹点"——加宽或缩小相邻列而不改变被选表格宽。

夹点位置如图 5 - 9 所示。

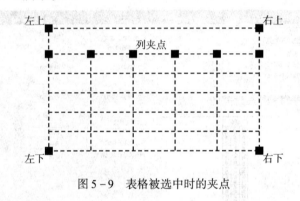

图 5 - 9 表格被选中时的夹点

（2）使用夹点修改表格中单元格。

①单击选择一个要修改的表格单元格。若要选择不相邻的多个单元格，可按住 Shift 键不放，单击鼠标左键选择。

②修改单元格。要修改选定表格单元的行高，可以拖动顶部或底部的夹点。如果要修改选定单元的列宽，可以拖动左侧或右侧的夹点。如果选中多个单元，每列的列宽将做同样的修改。如果要合并选定的单元，在选中相邻的数个单元格的同时单击鼠标右键打开相应的快捷菜单，选择"合并单元"命令即可。如果选择了多个行或列中的单元，可以按行或按列合并。按 Esc 键可以删除选择。

3. 在多行文字中输入上、下标

输入上、下标如"X^2"、"X_2"的技巧：在上标字符后输入"^"，同时选中上标字符和"^"，再单击"文字格式"编辑器中的堆叠工具"$\frac{a}{b}$"即可输入 X^2；在下标字符前输入"^"，同时选中"^"和下标字符，再单击"文字格式"编辑器中的"$\frac{a}{b}$"即可输入 X_2。

4. 表格操作技巧

在选中表格中任一单元时，单击鼠标右键可在弹出的右键菜单中进行剪切、复制、插入行或列等各种编辑表格的操作。例如，在右键菜单中选择"删除列"或"删除行"，可删除最后一列或最后一行。

【小结】

（1）输入汉字、字母或数字前应进行文本设置。

（2）编辑时适当运用"夹点"的操作，可以提高绘图速度。

5.4　任务2——绘制视图、标注尺寸和公差

【任务要求】

（1）在 AutoCAD 2012 中绘制机座零件的三视图，主视图采用半剖，左视图全剖，如图 5-10 所示。

（2）新建"工程字体"样式，字体名为"T 仿宋 GB2321"，宽度比例为"0.67"。设置"Standard"样式，选择"gbeitc.shx"，大字体"gbcbig.shx"。建立"粗实线"、"中心线"、"剖面线"、"标注图层"。

（3）标注尺寸。

（4）运用不同的字体及字号在图形文件中输入多行文本。

（5）通过本次实训，能够书写符合要求的多行文字。

（6）以"SX5-002"命名，存盘。

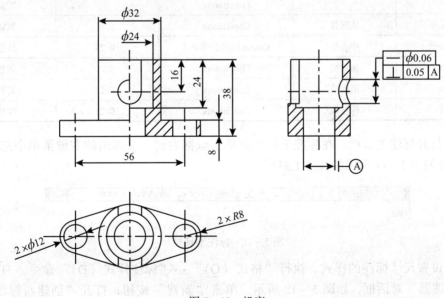

图 5-10　机座

【思考问题】

（1）《机械制图》国家标准规定图样用何种字体？在 AutoCAD 软件中如何设置"汉字"和"数字"的字体？

（2）什么是定形尺寸？什么是定位尺寸？标注时应注意哪些问题？

参考答案

问题1：国家标准 GB/T 14691—1993 规定图样中的字体用长仿宋体，在 AutoCAD 软件中，执行"格式"→"文字样式"命令，新建"汉字"样式并设为"仿宋_GB2312"。数字或字母应采用软件默认的"Standard"文字样式，指定字体名为"Romand. shx"。

问题2：定形尺寸是表示各基本体长、宽、高三个方向的大小尺寸。定位尺寸是表示各基本体之间相对位置尺寸。同一基本体的定位、定形尺寸应尽可能集中标注在同一视图上，尽量避免在虚线处标注尺寸。

【操作步骤】

1. 绘图环境设置

（1）启动 AutoCAD 2007，选择工作空间为"AutoCAD 经典"，执行"文件（F）"→"新建（N）"命令，选择 acadiso. dwt 样板，用"Zoom"→"All"使图幅满屏。

（2）执行"格式（O）"→"文字样式（S）"，在文字样式对话框中，单击"新建"按钮，输入名称"工程字体"，去掉"大字体"前的"√"，字体名选"T 仿宋 GB2321"，宽度比例为"0.67"。设置"Standard"样式，选择"gbeitc. shx"，大字体"gbcbig. shx"。

（3）执行"格式（O）"→"图层（L）"命令，新建图层如表 5-1 所示。

表 5-1　规划图层

图层名	用途	线型	线宽	颜色
0		Continuous		默认
lkx	轮廓线	Continuous	0.5	默认
center	中心线	Center 线性比例 0.3	0.25	红色
dim	辅助线	Continuous	0	蓝色
pmx	剖面线	Continuous	0.25	蓝色
bzx	标注线	Continuous	0.25	绿色

（4）打开标注工具栏。在标准工具栏上单击鼠标右键，从弹出的右键菜单中选择"标注"，打开如图 5-11 所示的标注工具栏。

图 5-11　标注工具栏

（5）设置尺寸标注的样式。执行"格式（O）"→"标注样式（D）"命令，打开"标注样式管理器"对话框，如图 5-12 所示。单击"新建"按钮，打开"创建新标注样式"对话框，如图 5-13 所示。在"基础样式"下拉列表框中选中"ISO-25"样式。在"新样式名"文本框中输入"直线"。单击"继续"按钮，打开"新建标注样式"对话框。在"尺寸线"设置组设置："颜色"为"随层"，"线宽"为"随层"，"超出标记"设为"0"，"基线间距"输入"7"；在"尺寸界线"选项组设置："颜色"为"随层"，"线宽"为"随层"，"超出尺寸线"为"2"，"起点偏移量"为"0"。

设置"符号和箭头"选项卡。在"箭头"选项组设置：如"第一项"和"第二个"下拉列表框中选择"实心闭合"，"箭头大小"为"5"。

其他选项为默认值。

（6）设置"文字"选项卡。

①文字外观："文字样式"下拉列表框中选择"工程图尺寸"，"文字颜色"为"随层"，"文字高度"为"3.5"。

②文字位置："垂直"下拉列表框选择"上方"，"水平"下拉列表框中选择"置中"，从"尺寸偏移量"输入"1"。

③文字对齐：选择"与尺寸线对齐"。

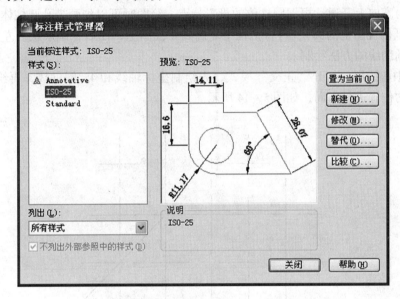

图 5 – 12　"标注样式管理器"对话框

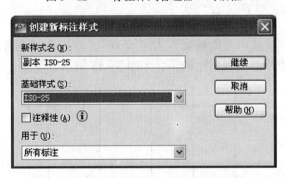

图 5 – 13　"创建新标注样式"对话框

（7）设置"调整"选项卡。

①调整选项：文字或箭头取最佳效果。

②文字位置：尺寸线旁边。

③标注特征比例：使用全局比例。

④调整：始终在尺寸线之间绘制尺寸线。

（8）设置"主单位"选项卡。

①线性标注："单位格式"选择"小数"，"精确"下拉列表框中选择"0"。

②角度标注："单位格式"选择"十进制数"，"精确"下拉列表框选择"0"。

其余选项均为默认值。

设置完成后，单击"确定"按钮，返回"标注样式管理器"对话框，并在"样式"列表框中显示"直线"的新尺寸标注样式。

2. 绘制图形

（1）形体分析和绘图分析。本零件由开台阶内孔的圆柱体和底板组成，在圆柱体前面垂直于轴线开有 ϕ12 小孔。而在圆柱体后面开有通槽，此槽可以看成是先开 ϕ12 小孔，再以小孔的直径为宽向上开通。根据圆柱体的投影特点，绘图时可以先画带孔圆柱体的主视图和俯视图（先画俯视图上的圆），再将主视图复制到左视图上，而后补画底板。左视图上的相贯线可用作辅助线的方法绘制。

（2）在中心线层，打开"正交"模式，先绘制坐标轴线和45°辅助线，再绘制中心线，对三面视图的位置进行布局，如图 5–14 所示。

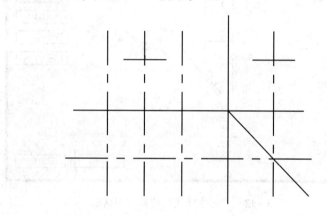

图 5–14　绘制辅助线和中心线

（3）在粗实线层，设置"对象捕捉"为"交点"，或打开"对象捕捉"工具条。输入圆命令"C"，捕捉交点绘制俯视图上的圆，如图 5–15 所示。

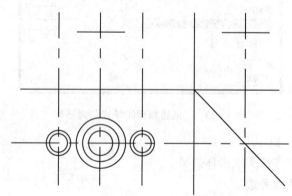

图 5–15　绘制俯视图上的投影圆

（4）根据主视图和左视图基本轮廓相同的关系，在主视图中间部分先不画底板。打开

"正交"模式，绘制垂直轮廓线，再画水平线，修剪后得到主视图中间部分，将它复制到左视图上，如图 5-16 所示。

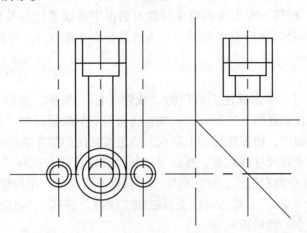

图 5-16　绘制主视图和左视图

（5）绘制小孔的投影线（相贯线）。在轮廓线层，打开"正交"模式，输入"C"，捕捉交点，画主视图上的 $\phi12$ 圆，切换到辅助线层，捕捉 $\phi12$ 圆的象限点，向俯视图和左视图引直线。根据投影关系，找到截交线的投影和相贯线特征点的投影，如图 5-17 所示。输入圆弧命令"Arc"，用三点绘圆弧，近似绘出相贯线。

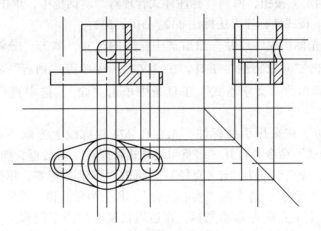

图 5-17　绘制剖视图

（6）补画底板的投影，画剖面线。修改主视图，在主视图和俯视图上补画底板的投影。将多余的线修剪或删除掉，将非 lkx 层的线改为 lkx 层。完成轮廓线的绘制后，输入图案填充命令"BH"，单击"图案（P）"右边的按钮，在弹出的"填充图案选项板"窗口中选择"ANSI"选项卡，单击其中的"ANSI31"，单击"确定"按钮，将"图案填充和渐变色"对话框下面的比例设为 1，"类型"设置为"预定义"，"角度"设置为"0"，其余为默认值。然后单击"添加：拾取点"按钮，单击要填充区域的封闭框内一点，按回车键，返回对话框。预览设置效果。单击"预览"按钮，进入绘图状态，显示图案填充结果。预览后按回车键，返回"图案填充和渐变色"对话框。若剖面线间距不合适，可修改"缩放比例"值，修改后再预览，直至满意为止。在"图案填充和渐变色"对话框中单击下面的"确定"

按钮，完成剖面线的绘制。

（7）删除辅助线，用打断命令"BR"修改中心线的长度。选中一条中心线，单击工具栏的"对象特性"按钮，在出现的对象特性对话框中将线型比例系数改为 0.3，用"特性匹配"工具（格式刷）将所有中心线统一为线性比例系数 0.3，得到图 5 - 10 的效果。

3. 标注尺寸

（1）标注线性尺寸。单击标注工具栏的"线性（L）"按钮，或执行"标注（N）"→"线性（L）"命令，在主视图上捕捉底边右端点（可设置对象捕捉为"端点"或"交点"），指定第 1 条尺寸界线起点，捕捉底板右上角点，指定被标注的第 2 条尺寸界线起点，将光标移到适当位置单击，指定尺寸线位置，标注了底板的高度。接着执行"标注（N）"→"基线（B）"命令，捕捉最高右角点，标注高度 38，按回车键完成。用同样方法标注高度 16 和 24。设置对象捕捉为"交点"，单击标注工具栏的"线性"按钮，单击底板左右孔中心线和底线的交点，标注两中心线的距离 56。

（2）标注直径。由于本例中的直径不是标注在"圆"上，因此不能直接用标注工具中的"直径"工具，标注方法如下：

❖ 方法一——在标注样式管理器中设置前缀（φ），再用线性标注。执行"格式（O）"→"标注样式（D）"命令，打开"标注样式管理器"对话框，单击"替代"按钮，参见图 5 - 12，打开"替代当前样式"对话框。单击"主单位"选项卡，在前缀中输入"%%C"，单击"确定"按钮，回到"标注样式管理器"对话框中，单击"置为当前"，再单击"关闭"按钮。按线性标注方法标注 φ12、φ16、φ32。

❖ 方法二——先标注线性尺寸，然后选中标注的尺寸，单击"分解"工具，选中尺寸数字，如 32，单击"对象特性"工具，在"文字"中单击"内容"右边的"···"，如图 5 - 18 所示。在弹出的"文字格式"工具条中单击"@"，选中直径，将 φ 添加到尺寸中。

图中的 φ24 尺寸，应采用引线标注。先在孔 φ24 轮廓线上方画一条尺寸界线，执行"格式→多重引线样式"命令，打开"多重引线样式管理器"对话框，如图 5 - 19 所示。单击"新建"选项卡，命名引线为"zj（直径）"，单击"继续"标签，单击"引线和箭头"，在"引线"中选择"直线"，箭头选"实心闭合"，其余为默认值。设置对象特性为"最近点"，单击尺寸界线上一点向左移动光标，在适当长度时按回车键确定，即绘制了一根引线，再执行"绘图（D）"→"文字（X）"→"单行文字（S）"命令，单击引线上方一点，输入文字高度，按回车键，输入"φ24"，按两次回车键结束。

标注图中的 2×φ12 尺寸，可在标注样式管理器中设置前缀（2×），再用直径标注。执行"格式（O）"→"标注样式（D）"命令，打开"标注样式管理器"对话框，单击"替代"按钮，打开"替代当前样式"对话框。单击"主单位"选项卡，在前缀中输入"2×"，单击"确定"按钮，回到标注样式管理器对话框中，选择"置为当前"，再单击"关闭"按钮。单击标注工具中的"直径"工具，选中要标注的圆，将光标移出到适当位置单击即可。

图 5-18　特性工具栏

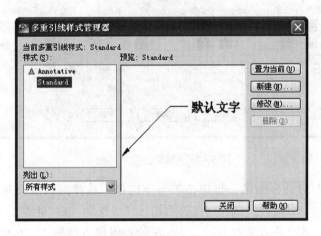

图 5-19　"多重引线样式管理器"对话框

NOTICE　注意

　　如果乘号"×"无法输入，可执行"修改（M）"→"对象（O）"→"文字（T）"→"编辑（E）"命令，选中要修改的文字，在弹出的"文字格式"中单击右面的工具"√"，在下拉列表中选择"符号（S）"中的"其他（O）"，找到"×"，单击"复制"按钮，关闭对话框后按"Ctrl＋V"组合键。

　　（3）标注半径尺寸 2×R8。执行"标注（N）"→"半径（R）"命令，选中半径线，放到适当位置。选中 R8，单击"对象特性"工具，在"主单位"中的"标注前缀"框输入"2×"，按回车键确定。

4. 标注形位公差

（1）绘制形位公差基准符号，尺寸如图5-20所示。

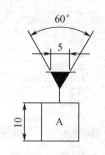

图5-20　基准符号

（2）标注形位公差代号。执行"标注（N）"→"公差（T）"命令，在弹出菜单中选择"公差"，单击 φ12 尺寸界线与箭头的交点，向上移动单击后再向右移动一段距离后单击，这时弹出"形位公差"对话框，如图5-21所示。

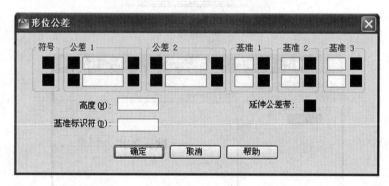

图5-21　形位公差对话框

在"形位公差"对话框的第一行单击符号下的框，选择直线度符号"–"，在"公差1"下单击前面的框，出现符号"φ"，在其后输入"0.06"；在"形位公差"对话框的第二行单击符号下的框，选择垂直度符号"⊥"，在公差值输入框输入"0.05"。在基准输入框中输入 A。单击对话框中的"确定"按钮，完成标注。

【知识链接与操作技巧】

1. 单行文字的标注和修改

输入单行文字，可输入命令："DText"的前两个字符 DT[1]，也可执行"绘图→文字→单行文字"命令。

（1）指定文字的起点或［对正（J）/样式（S）］：指定文字的起点或选项；

（2）指定高度 <0.000>：指定文字高度；

（3）指定文字的旋转角度 <0>：指定文字的旋转角度值；

注[1]：早期 AutoCAD 版本输入单行文字的命令为"T"或"DT"。

（4）输入文字：输入文字内容。

输入文字后，需按两次回车键才能结束命令，因为第一次回车为换行。

2. 编辑尺寸标注

（1）修改尺寸标注样式。只需输入"DDim"命令，在弹出的"标注样式管理器"对话框中编辑修改。

（2）编辑尺寸。输入"Dimedit"或执行"标注（N）"→"倾斜（Q）"命令，命令提示"输入标注编辑类型［默认（H）/新建（N）/旋转（R）/倾斜（O）］〈默认O〉:"后，选择一个选项或按回车键选择默认值。系统提示："选择对象:"，要求指定编辑对象。选中一个尺寸后，再次出现系统提示："选择对象:"，指继续选择尺寸，直到按回车键结束选择。各选项的意义如下：

①选择"默认（H）"——将标注的文字放在系统默认位置。

②选择"新建（N）"——打开"多行文字编辑器"对话框，输入新的文字。

③选择"旋转（R）"——按给定的角度旋转文字。

④选择"倾斜（O）"——调整尺寸界线的倾斜角度。

（3）编辑尺寸标注中的文字内容。输入"DDEdit"，选中对象即弹出"文字格式"编辑器，在其中修改即可。

3. 输入文本和尺寸标注操作技巧

（1）用单行文本输入中文前，不要忘记设置中文样式，否则会出现"？"。

（2）设置文字样式时，在文字样式对话框中，字体高度一般设为0，否则，在单行文字输入中不再询问高度。系统将提示"当前文字高度"。因此若要输入不同高度的单行文字，就不要更改文字样式对话框中默认的高度"0"。

（3）当所要标注尺寸的前缀、后缀较多，而又各不相同时，可"先标注、后修改"，即统一标注无前缀、后缀的尺寸数字后，在"对象特性"面板中一一修改。

【小结】

（1）在图样中进行标注之前，应对"标注样式"进行设置，如果在标注中出现问题，应在"标注样式"中找原因。

（2）图样上标注的尺寸、公差、表面粗糙度等内容最好放在单独的一个图层中，以便于管理。

5.5 拓展延伸

1. 标注"线性比例"和标注"全局比例"的区别

从本模块的训练可见，尺寸标注时，在属性管理器中会看到有两个和标注有关的比例：即"标注线性比例"和"标注全局比例"。标注样式管理器中，"主单位"选项卡下，可看到调整标注线性比例的选项。"调整"选项卡下，可看到调整标注全局比例的选项。同时，它们分别对应两个系统变量 Dimlfac 和 Dimscale，修改这两个系统变量的值，也等于调整了

这两个比例。

例如，某图形中的一个尺寸，实物值是5，按照2:1比例绘制，在AutoCAD里面长度就是10，比例因子是1的情况下进行标注，系统自动给出默认值就是10，所以要将比例因子调整为1/2。由此推断按照N:1绘制图形时，相应的标注比例就要调整为1/N。而这个比例的调整，就是要设置或修改标注线性比例。

标注全局比例和标注的尺寸值的大小无关，主要是控制标注各要素的大小、距离或偏移等。例如，在一个绘图模板中，在默认标注全局比例为1的情况下，模板规定标注要素中的文字高度为4，箭头大小为2.5。如果将标注全局比例调整为2，标注的尺寸值不会受到影响，而相关的尺寸要素——文字高度和箭头大小变为原来的一倍。如图5－22所示，就是改变标注全局比例的例子。图5－22（a）的全局比例为1，图5－22（b）的全局比例调整为"2"。可以看出，标注的尺寸值都是10，没有变化，而标注的文字和箭头等放大了，这就是受到了标注全局比例的影响。

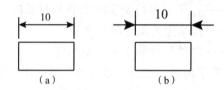

图5－22　全局比例示例

2. 公差标注的技巧

标注时文字的书写应符合国家标准，即公差的字高应该比基本尺寸的字高小。例如，要标注直径为60，上偏差为＋0.001，下偏差为－0.002的一个尺寸，具体做法为：先执行"标注（N）"→"线性（L）"命令，标注尺寸60。然后将以尺寸标注分解，双击"60"，将光标定位在数字60前，在弹出的文字格式工具条中单击"@"，选择"%%C"输入"φ"，再将光标定位在"60"后，输入"＋0.001^－0.002"，并将其选中，单击堆叠按钮"$\frac{a}{b}$"，单击"确定"按钮，完成修改。

如果标注的偏差中有一个数"0"，而国标规定标注时上下偏差一定要上下对齐，故此时标注时应该在输入0时在其前边加一空格，使空格与"＋"对齐。

习题 5

1. 打开模块3中实训保存的组合体的三视图"SX3－001"，按图3－1标注尺寸。
2. 打开模块4中实训保存的垫圈图形"SX4－001"，按图4－10标注尺寸。

模块 6

块操作和标准件

6.1 项目分析

【项目结构】

本模块主要训练 AutoCAD 的图块操作，包括定义块、插入块、定义块属性、写块。同时训练标准件的绘制以及将标准件保存为块，以便调用。

【项目作用】

通过本模块练习，进一步熟悉图形的绘制，培养综合应用 AutoCAD 的能力。掌握 AutoCAD 的图块操作；了解 AutoCAD 图块的种类；掌握标准件绘制的方法与转换成块的方法。

【项目指标】

（1）掌握 AutoCAD 软件"内部块"与"写块"的概念。
（2）掌握块属性的设置方法。
（3）能综合运用 AutoCAD 软件的绘图命令和编辑命令绘制一些标准零件并转换为块。
（4）了解外部参照的概念。

6.2 相关基础知识

1. 表面粗糙度的概念和常用评定参数

无论采用哪种加工方法所获得的零件表面，都不是绝对平整和光滑的，放在显微镜（或放大镜）下观察，都可以看到微观的峰谷不平痕迹，如图 6-1 所示。表面上这种微观不平滑情况，一般是受刀具与零件间的运动、摩擦，机床的振动及零件的塑性变形等各种因素的影响而形成的。表面上所具有的这种较小间距的峰谷所组成的微观几何形状特征，称为表面粗糙度，反映的是零件表面上的微观几何形状误差。

表面粗糙度是评定零件表面质量的一项技术指标，它对零件的配合性质、耐磨性、抗腐蚀性、接触刚度、抗疲劳强度、密封性质和外观等都有影响。因此，图样上要根据零件的功能要求，对零件的表面粗糙度做出相应的规定。

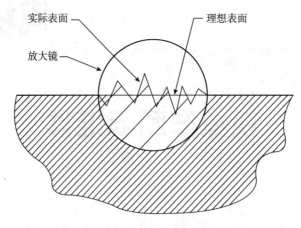

图 6-1　表面粗糙度概念

国家标准规定，评定表面粗糙度的高度参数有三个：轮廓算术平均偏差 Ra、轮廓最大高度 Rz。

评定表面粗糙度的优先选用参数是轮廓算术平均偏差 Ra。它是指在取样长度 L 范围内，被测轮廓表面上各点至轮廓中线距离 y_i 的绝对值的算术平均值，如图 6-2 所示。Ra 可用下式表示：

$$Ra \approx \frac{1}{n} \sum_{i-1}^{n} |y_i|$$

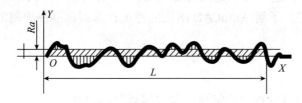

图 6-2　轮廓算术平均偏差 Ra

Ra 数值越小，零件表面越趋平整光滑；Ra 的数值越大，零件表面越粗糙。国家标准对轮廓算术平均偏差的数值的规定如表 6-1 所示。

表 6-1　轮廓算术平均偏差的数值（GB/T 1031—1995）

	0.012	0.2	3.2	50
Ra（μm）	0.025	0.4	6.3	100
	0.05	0.8	12.5	
	0.1	1.6	25	

2. 表面结构符号及其参数值的标注方法（GB/T 131—1993）

（1）表面结构符号及意义如表 6-2 所示。

表6-2　表面粗糙度符号及意义

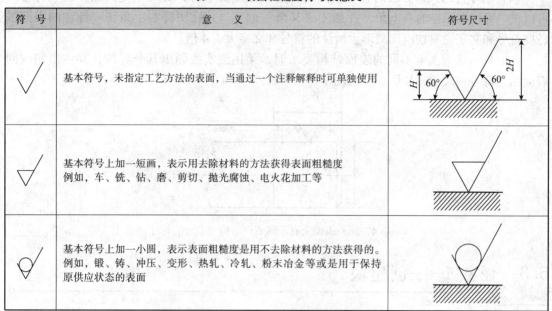

符　号	意　　义	符号尺寸
∨	基本符号，未指定工艺方法的表面，当通过一个注释解释时可单独使用	
∨	基本符号上加一短画，表示用去除材料的方法获得表面粗糙度 例如，车、铣、钻、磨、剪切、抛光腐蚀、电火花加工等	
∨	基本符号上加一小圆，表示表面粗糙度是用不去除材料的方法获得的。例如，锻、铸、冲压、变形、热轧、冷轧、粉末冶金等或是用于保持原供应状态的表面	

（2）表面粗糙度参考值 Ra 的标注示例如表6-3所示。

表6-3　表面粗糙度参数值 Ra 的标注示例

序　号	代　号	意　　义
1	$\sqrt{}$ Ra 3.2	表示用任何方法获得的表面，Ra 的最大允许值为 3.2μm
2	$\sqrt{}$ Ra 3.2	表示用去除材料方法获得的表面，Ra 的最大允许值为 3.2μm
3	$\sqrt{}$ Ra 3.2	表示用不去除材料方法获得的表面，Ra 的最大允许值为 3.2μm

采用表面粗糙度参数值 Ra 时，省略符号 Ra，只将其数值注写在表面粗糙度符号上方。

（3）表面结构符号在图样上的标注方法。表面粗糙度符号应标注在可见轮廓线、尺寸线、尺寸界线或其延长线上，符号的尖端必须从材料外指向表面。表面粗糙度符号及数字的注写方向按如图6-3所示标注。

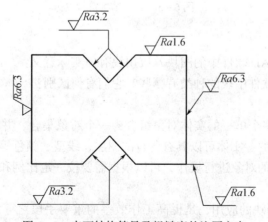

图6-3　表面结构符号及粗糙度的注写方向

（4）当零件的大部分表面具有相同的表面粗糙度要求时，对其中使用最多的一种符号可以统一标注在图样的右上角，并加注"其余"两字。凡在图样右上角统一标注的表面粗糙度符号和文字说明均应比图形上所注的符号和文字大 1.4 倍。

（5）同一表面上有不同的表面结构要求时，须用细实线画出其分界线，并注出相应的表面结构符号和尺寸，如图 6-4 所示。

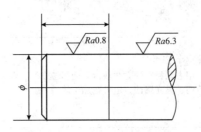

图 6-4　同一表面上有不同表面结构要求时的标注

6.3　任务 1——创建块

【任务要求】

（1）绘制如图 6-5 所示的表面结构符号。
（2）用"Block"命令创建块，设置块名为"CCD"。
（3）用"Insert"命令调用上面定义的块放入图中适当位置。

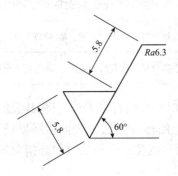

图 6-5　表面结构符号

【思考问题】

（1）什么是 AutoCAD 软件中的图块？应用块有何实际意义？
（2）在 AutoCAD 软件中块的种类有哪些？它们有何区别？

参考答案

问题 1：将一个或多个单一的实体对象组合为一个对象集合，并命名存盘，这个对象集合就称为图块。图块中的各实体可以具有各自的图层、线型、颜色等特征。在应用时，图块作为一个独立的、完整的对象进行操作，可以根据需要按一定比例和角度将图块插入到所需要的位置。

AutoCAD 软件中图块的应用，是提高工作效率的重要手段之一。通过建立图形块，我们可以建立图形库。调用块时，又可以通过对图块进行属性处理，方便地标注各种变化的文本，既大大节省了存储空间，又大大提高了绘图的工作效率。

问题 2：AutoCAD（包括 AutoCAD 2000 ~ AutoCAD 2012）中，将图块分为两种，即"块"和"写块"。为便于理解，很多书上把"块"说成"内部块"，或"临时块"。而把"写块"说成"外部块"，或"永久块"。值得注意的是，这些说法虽然形象，但在 AutoCAD 的"用户文档"中并不存在。"块"和"写块"的区别在于：凡是用"B"或"Block"、"Bmake"定义的图块叫做"块"，在绘图工具栏中有"创建块"的图标 🔲，创建的块保存于当前图形中，而且只能在当前图形中插入引用；用"WBlock"定义的图块叫做"写块"，创建"写块"只能用命令输入法，它以图形文件的形式保存在硬盘上，可以被所有的图形文件引用，具有"永久"意义。

【操作步骤】

1. 绘制表面结构符号

（1）启动 AutoCAD 2012，在"工作空间"选择"AutoCAD 经典"，单击"确定"按钮。按"Ctrl + N"组合键，选择"acadiso. dwt"，然后采用"Zoom"→"All"，使图幅满屏。

（2）输入多边形命令"POL"，按回车键，输入边数"3"，按回车键，单击工作区中一点，输入"E"，按回车键，打开"正交"模式，在命令提示"指定边的第一个端点"时，向左移动光标，输入边长距离"5"，按回车键确定。

（3）单击编辑工具栏中的分解命令按钮 ✂，选中画好的正三角形，按回车键，或单击鼠标右键确定，将其分解为三段线段。

（4）单击编辑工具栏中的复制命令按钮 🔲。关闭"正交"模式，选择右边，单击鼠标右键，出现"指定基点或［位移（D）]＜位移＞"时，捕捉右边的下端点，即先单击"对象捕捉"工具栏中的"端点"，再选择右边线的端点。系统出现"指定第二个点或＜使用第一个点作为位移＞:"提示，将光标移到右上角点，捕捉上端点，按回车键或单击鼠标右键确定。

2. 创建块

输入"B"，按回车键，或执行"绘图（D）"→"块（K）"→"创建（M）"命令，或单击工具栏的"创建块"图标 🔲。系统弹出"块定义"对话框，如图 6 - 6 所示。在此对话框中进行如下操作。

图 6 - 6 "块定义"对话框

（1）在"名称（N）"下的输入框内输入"CCD"。

（2）单击"拾取点"按钮，设置对象捕捉为"交点"，拾取粗糙度符号的下角点，作为基点。

（3）在"对象"选项组进行操作。单击"选择对象"按钮，在屏幕上用窗口方式选中前面所画的表面粗糙度符号，选择完毕，系统重新显示"块定义"对话框，并在选项组下面显示"已选择 4 个对象"。在"对象"选项组中勾选"删除"，即表示定义块后，将删除原对象。

（4）在"设置"选项组进行操作。块单位为"毫米"；勾选"按统一比例缩放"；在"说明（E）"中输入"标注零件表面粗糙度"。

（5）检查前面步骤，确信无误后单击对话框下面的"确定"按钮。

3. 插入块

（1）从命令行输入命令"Insert"，或执行菜单"插入（I）"→"块（B）"，或单击工具栏的插入块按钮，系统弹出"插入"对话框，如图 6-7 所示。

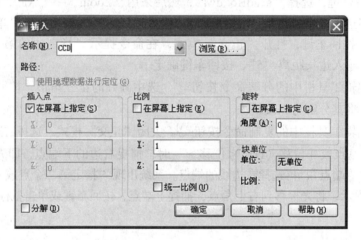

图 6-7 "插入"对话框

（2）在"插入"对话框中，选择要插入块的名称"CCD"。

（3）"插入点"选择"在屏幕上指定"，其余接受默认值。单击"确定"按钮，这时在光标上就出现了"块"的形状，并随光标移动。在屏幕工作区单击一点即可插入做好的块。

【知识链接与操作技巧】

1. 图层的灵活运用

应用"图层"可以很方便地管理图形上的实体。一个图层上可以放置一类属性相同或相关的实体，例如，剖面线放在一层，这样就可以对所有的这些实体的可见性、颜色和线型进行统一管理和控制。正确利用和把握层的性质和功能可有效提高绘图速度。

2. 图块与图层的关系

在图层中，0 层属于系统层。在 0 层上定义的块如果插入到其他图层上，其颜色和线型将跟随所插入的图层而改变。非 0 层上定义的块，插入到其他图层时，其颜色、线型不随所插入的层改变。因此，一般应在 0 层上创建块。规划图层时，在 0 层上不要放置其他图线或图形，只用于创建图块。

【小结】

插入块时，如果在"插入"对话框将"缩放比例"、"旋转"等设置为默认值，则插入的块和定义的原块完全相同。

6.4   任务 2——写块并定义块属性

【任务要求】

（1）绘制如图 6-8（a）所示的表面结构代号（不含数字）。

（2）用 ATTDEF 命令定义数字属性，标记 XXX。

（3）用 WBlock 命令创建块。设置块名为"CCD"，再定义成"写块"（永久块）。

（4）用 Line 命令绘制一正方形，再用 Insert 命令按如图 6-8（b）所示的要求插入块。

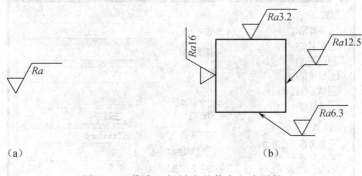

（a）   （b）

图 6-8   将表面粗糙度的值定义为属性

【思考问题】

块及其属性有哪些主要功能？

参考答案

块是一种简洁方便的实体，它可用来组成复杂的图形。下面来总结块的重要功能：

（1）建立图库。利用块的性质，可以将当前图形中的一组对象，或者已存在的某个独立的图形定义一个块，也可以将常用的图元定义成块，存放在样板图里。这样，实际上是建立了用户自己的"零件库"。绘制图样时可以直接调用。

（2）节省内存及磁盘空间。"写块"是单独存放的，数据存储结构中只单纯地保存块的存储地址、放大参数、设计基准、比例因子等，而没有各个图元的点、半径等信息，这些信息在块的插入后将根据图形要求来确定。也就是说，块的存储相对于图形存储来说，节省了空间。因此，块的定义和引用能有效地节省空间。

（3）便于修改图形。在一个图中可能要插入很多相同的块，在设计过程中有可能要修改某个部件，代表这个部件的图形块就需要修改。这时只要简单地对块进行修改，重新定义一下，则相应的图形上的所有引用该块的内容也随之自动更新。

（4）便于加入属性。属性是块中的文字信息，属性依附于块，可以随块的变化改变比例和位置。块可以很好地管理它们。属性不仅可以作为图形的可见部分，还可以从一张图纸中提取出来，传输给数据库，生成材料表、外购件表或进行成本核算的原始数据等。

【操作步骤】

1. 绘制表面结构代号

（1）输入定义块的属性命令"ATTDEF"，或"DDATTDEF"，或执行"绘图（D）"→"块（K）"→"定义属性（D）"命令。系统弹出"属性定义"对话框，如图6-9所示。

NOTICE 注意

"属性"是块的一个有机部分，它与块的图形对象结合为一个整体。创建含有属性的块时，必须先定义完所有属性后，才能创建块。

图6-9 "属性定义"对话框

（2）定义属性的模式。在属性定义中的"模式"选项组中，也可以不勾选"验证（V）"。

（3）定义属性。在"属性"区，在"标记（T）"中输入"XXX"，如图6-9所示。在"默认（L）"中输入属性值为"3.2"，其余接受默认值。

（4）单击"确定"按钮，将标记放到表面结构代号的右下方，如图6-10所示。

图6-10 属性标记

2. 创建"写块"

（1）输入写块命令"WBlock"，或输入"W"，在命令提示行单击"WBlook"，系统弹出"写块"对话框，如图6-11所示。

图6-11　"写块"对话框

（2）单击"拾取点"按钮，设置"对象捕捉"为"交点"，拾取图形下部尖点（意义同"块定义"）。单击"选择对象"按钮，用窗口方式选中包括标记的全部图元，按回车键，回到写块对话框。在"文件名和路径（F）"中将"新块"改为"CCDSX"，"插入单位（U）"选"毫米"。单击"确定"按钮。

NOTICE　注意

①比较"写块"对话框和"块定义"对话框，不难看出它们的区别在于：在写块对话框中，多了"目标"选项组，用来指定"写块"保存在硬盘的位置。可见，写块是一个单独保存在硬盘上的文件。

②AutoCAD 2007及以前的版本，写块只能用输入命令的方法"写入"，没有菜单选项，也没有设置工具按钮。

3. 绘制一个正方形（边长100）

略。

4. 插入块

输入插入命令"Insert"，系统弹出"插入"对话框，如图6-12所示。单击"浏览"按钮，打开"选择图形文件"对话框，按路径找到刚才保存的图块，单击"打开"按钮，名称中显示出块的名称。指定"统一比例"为"1"，选中"在屏幕上指定（C）"（旋转角度也在屏幕上指定），单击"确定"按钮。这时在光标上就出现了"块"的形状，并随光标移动。设置对象捕捉为"最近点"，在屏幕上单击正方形上某一点，系统提示"设置旋转角度"，此处为"0°"，直接按回车键，系统提示"输入属性值"，此处为3.2，直接按回车键，再按回车键确定。单击鼠标右键，选择"重复 Insert（R）"，在系统弹出插入对话框直接单击"确定"按钮。这时在光标上就出现了"块"的形状，并动态旋转。设置对象捕捉为最近点，在屏幕上单击正方形左边一点，系统提示"设置旋转角度"，输入"90°"，按回车键，系统提示"输入属性值"，输入"1.6"，按回车键，再次按回车键确认。继续单击鼠标右键，选择"重复 Insert（R）"，在系统弹出插入对话框直接单击"确定"按钮。设置对象捕捉为最近点，在屏幕上单击正方形右边一点，系统提示"设置旋转角度"，输入"−90°"，按回车键，系统提示"输入属性值"，输入"12.5"，按回车键，再次按回车键确认，如图6−13所示。

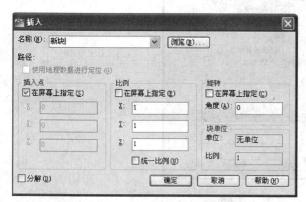

图 6−12　插入"写块"对话框

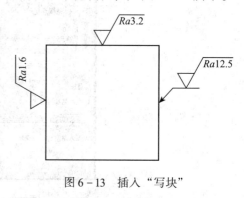

图 6−13　插入"写块"

由图可见，最后输入的图块中的文字12.5并不符合要求，需将文字旋转。解决的办法是：双击属性值"12.5"，系统弹出"增强属性编辑器"，如图6−14所示。选中"文字选项"选项卡，将旋转角度改为90°，单击"应用"按钮，调整文字在块中的位置。在"文字选项"选项卡的"对正（J）"中选择"右上"，单击"确定"按钮，即得到图6−8中的效果。

NOTICE 注意

在"增强属性编辑器"中输入的角度，是以原对象为基准的。

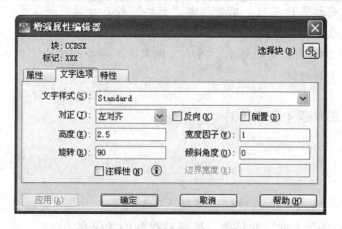

图 6−14　增强属性编辑器

【知识链接与操作技巧】

插入块时比例正负的意义：插入块时，比例有正负之分。若比例为负值，其结果就是插入原块的镜像图形。当比例的绝对值为1时，有四种情况，如表6-4所示。

表6-4　插入块的比例和图形

插入块的比例和图形		
比例	$X = -1$, $Y = +1$	$X = +1$, $Y = +1$
图形	▽	▽
比例	$X = -1$, $Y = -1$	$X = +1$, $Y = -1$
图形	△	△

【小结】

定义带属性的块，一定要严格遵循"绘制图形→定义属性→定义块"的顺序，否则，在插入块时，将不能正确显示属性。

6.5　任务3——用插入块的方法绘制螺栓组件

【任务要求】

（1）绘制如图6-15所示螺母和垫圈（M10）。

（2）用Block命令创建块。设置块名为"螺母垫圈"，再定义成内部块。

（3）绘制如图6-16所示的螺栓头（M10）。

（4）用Block命令创建块。设置块名为"螺栓头"，再定义成内部块。

（5）绘制被联结件（板厚分别为14mm和16mm），再用插入块命令绘制螺栓联结，如图6-17所示。

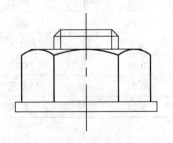

图6-15　螺母和垫圈

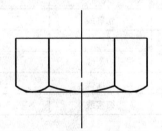

图6-16　螺栓头

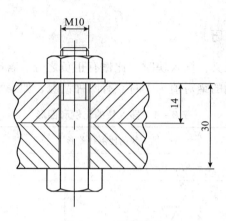

图 6 - 17　螺栓联结

【思考问题】

（1）机械零部件中的标准件有哪些？

（2）在剖视图中标准件的画法有何规定？

参考答案

问题 1：机械零部件中的标准件包括螺栓、螺钉、螺母、键、销、弹簧等标准零件和滚动轴承等标准部件。标准件在机械装配中应用广泛，其结构画法、参数均由国家标准规定。

问题 2：国家标准规定在剖视图中，不论是否剖切到，标准件均可按不剖绘。

【操作步骤】

1. 配置绘图环境

（1）启动 AutoCAD 2012，在"工作空间"选择"AutoCAD 经典"，在"新功能研习"对话框中勾选"以后再说"，单击"确定"按钮。按"Ctrl + N"组合键，选择"acadiso. dwt"，然后采用"Zoom"→"All"，使图幅满屏。

（2）新建图层。输入"LA"，打开"图层特性管理器"，单击"新建"按钮，设置图层如表 6 - 5 所示。

表 6 - 5　规划图层

图层名	用途	线型	线宽	颜色
0	轮廓线	Continuous	默认	默认
lkx	轮廓线	Continuous	0. 5	默认
center	中心线	Center	0. 25	红色
pmx	剖面线	Continuous	0. 25	蓝色
xsx	细实线	Continuous	0. 25	默认

2. 绘制螺母垫圈，并定义为块

按照机械制图国家标准规定，螺栓和双头螺柱连接时，垫圈、螺母、螺柱在绘制时尺寸表达成螺栓公称直径的比例，如图 6 - 18 所示为根据标准计算的结果。

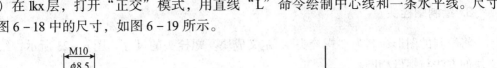

（1）在 lkx 层，打开"正交"模式，用直线"L"命令绘制中心线和一条水平线。尺寸略大于图 6-18 中的尺寸，如图 6-19 所示。

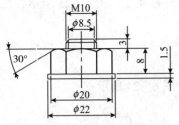

图 6-18 螺母垫圈尺寸

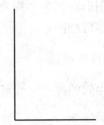

图 6-19 中心线和底面线

（2）输入偏移命令"O"，输入 4.25，选中中心线，光标向右移动，单击鼠标左键确定，再分别输入 5、10、11 偏移垂直线，用同样的方法偏移水平线，将图 6-19 中的线偏移为如图 6-20 所示的线。

（3）输入修剪命令"TR"，单击鼠标右键，选中所有的线，将所有的线作为边界同时也作为被修剪的对象，单击要修剪掉的线，得到如图 6-21 所示的效果。

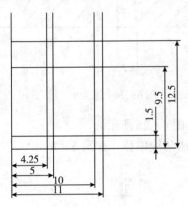

图 6-20 偏移直线

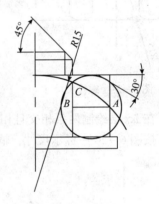

图 6-21 绘制螺母垫圈右半部分

（4）输入圆弧命令"Arc"，使用"起点、圆心、角度"方式绘制 R15 大圆，大圆交右边界于点 A，过点 A 作平行线 AB，输入"C"，以 AB 的中点为圆心，以圆心到 C 点的距离为半径画小圆。输入"L"，画一条倾斜 30°，并与小圆相切的线，再画 45°倒角线。将中心线切换到中心线层。再用修剪命令"TR"修剪掉不要的线，得到半个螺母垫圈的图形，如图 6-22 所示。

（5）镜像。输入镜像命令"MI"，从右下角至左上角框选右边的图形（不含中心线），单击鼠标右键确定，以中心线为对称轴，即捕捉中心线上的任意两点，按回车键确定，即得到图 6-15 的图形。

（6）定义块。切换到 0 层，输入"Block"，输入名称为"螺母垫圈"，基点定在中心线与垫圈底线的交点处，将整个图形转换为块。

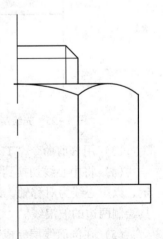

图 6-22 完成螺母垫圈右半部分

3. 绘制螺栓头

将绘制的图形命名为"螺栓头"，定义成块。螺栓头的尺寸如图 6 - 23 所示，绘制及定义块的方法与螺母相同。

4. 绘制两件连接板

连接板及中间的螺栓尺寸可根据题目条件确定，如图 6 - 24 所示。

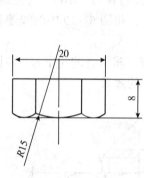

图 6 - 23　螺栓头尺寸

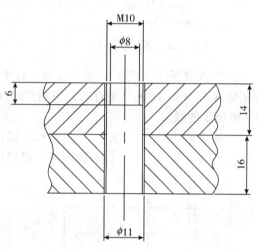

图 6 - 24　连接板

（1）在 lkx 层绘制两条相交且相互垂直的直线，如图 6 - 25 所示。

（2）按图 6 - 24 中标示尺寸，输入命令"O"，将两条线偏移，如图 6 - 26 所示。

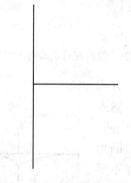

图 6 - 25　先绘制两根直线

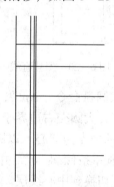

图 6 - 26　将两直线偏移

（3）用修剪命令"TR"，仔细将偏移后的线修剪为如图 6 - 27 所示的形状。

（4）将中心线切换到中心线层，输入镜像命令"MI"，选中右边图形，单击鼠标右键确定，以中心线为对称轴，即捕捉中心线上的任意两点，按回车键确定。用"样条曲线"工具绘制两边的波浪线。

（5）在剖面线层完成图案填充。上、下两块板图案填充的设置：类型均为"预定义"，图案均为"ANSI31"，比例均为"1"，角度上板为"0°"，下板为"90°"，得到图 6 - 24 的效果。

5. 通过插入块的方式完成绘制

（1）在 0 层将绘制好的连接板放置到屏幕中间位置，在底板上插入"螺母垫圈"。设置对象捕捉为"交点"，输入"Insert"命令，在弹出的对话框的"名称（N）"中选择"螺母垫圈"，"插入点"选择"在屏幕上指定（S）"，"缩放比例"选择"统一比例（U）"，"旋转角度"选择 0。单击"确定"按钮，这时"螺母垫圈"块粘在光标上，并随光标移动。将光标移至底板上面与中心线的交点，出现捕捉提示时单击鼠标左键，完成"螺母垫圈"的插入。

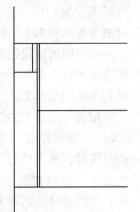

图 6-27　修剪

（2）插入"螺栓头"。输入"Insert"命令，在弹出的对话框的"名称（N）"中选"螺栓头"，"缩放比例"和"旋转角度"的设置同"螺母垫圈"，单击"确定"按钮后，将光标移至底板下面与中心线的交点，出现捕捉提示时单击鼠标左键，完成插入"螺栓头"。

【知识链接与操作技巧】

1. 块编辑器的使用

要对已做好的块进行修改，可以使用"块编辑器"。调用块编辑器的方法是：选中块，单击鼠标右键，在右键菜单中点选"块编辑器"，系统弹出"是否查看动态块的创建方式？"文本框，单击"否"，系统将选中的块放入块编辑窗口中，此时可以对块进行修改操作。在"参数"选项卡中，可以添加旋转参数、基点参数等；在"动作"选项卡，可以添加移动动作、缩放动作等；在"参数集"选项卡中，可以在动态块定义中添加一个参数和至少一个动作。

2. 解决备份图形打不开的技巧

用 AutoCAD 打开一张旧图，有时会遇到异常错误而中断退出，这时首先要在 Windows XP 窗口中执行"工具"→"文件夹选项"命令，去掉"隐藏已知文件类型的扩展名"前的"√"，显示文件的扩展名。然后找到备份文件，将其重命名为".DWG"格式，最后用打开其他 CAD 文件的方法将其打开即可。如果问题仍然存在，则可以新建一个图形文件，把旧图用图块的形式插入。

【小结】

使用 AutoCAD 的块操作，可以将表面粗糙度、标准件、常用件等在图样中重复出现的图形定义成"写块"，保存在固定位置，以便在绘制零件图和装配图时插入。这就大大提高了绘图效率。定义块时，最好选取 1:1 的比例。这样，在插入时可根据需要设置插入的比例。

6.6　拓展延伸

外部参照（Xref）是将已有的其他图形文件链接到当前图形文件中。插入"外部参照"

与插入"块"的方法类似，但意义不同。与插入"写块"方式相比，外部参照提供了另一种更为灵活的图形引用方法。插入"写块"是将块的图形数据全部插入到当前图形；而使用外部参照可以仅记录参照图形位置等链接信息，并不插入图形数据。当前图形随外部参照的修改而自动更新，这种灵活性有利于多个设计人员协同工作。另外，外部参照不会明显地增加当前图形的文件大小，从而可以节省磁盘空间，也利于保持系统的性能。

附着外部参照的方法是：执行菜单命令"插入（I）"→"DWH参照（R）"，或输入"XA"，系统弹出"选择参照文件"对话框，如图6-28所示。在此对话框中选择要附着的图形文件，单击"打开"按钮，弹出"外部参照"对话框，如图6-29所示。在此对话框中选择"参照类型"，设置"插入点"、"比例"和"旋转"等选项。然后单击"确定"按钮，就将选择的图形文件附着到当前图形中了。

图6-28　"选择参照文件"对话框

图6-29　"附着外部参照"对话框

NOTICE　注意

在"参照类型"中，"附着型"和"覆盖型"的含义有所区别。"附着型"：在图形中附着"附着型"的外部参照时，如果其中嵌套有其他外部参照，则将嵌套的外部参照包含在内；"覆盖型"：在图形中附着"覆盖型"外部参照时，则任何嵌套在其中的覆盖型外部参照都将被忽略，而且其本身也不能显示。

习题 6

1. 如图 6–30 所示，建立图（a）的两个块并定义属性，按图（b）的方式多次插入。

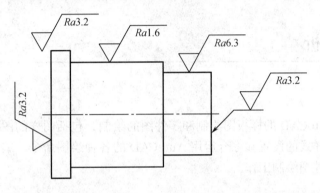

图 6–30　题 1 图

2. 绘制圆锥销，如图 6–31 所示，GB/T 117 — 2000　A10 × 60，根据表 6–6 查图中尺寸。将图形用写块命令创建成写块，以"YZX"命名。

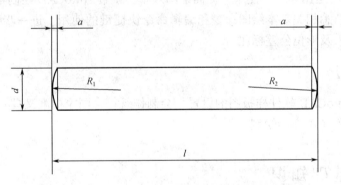

图 6–31　题 2 图

表 6–6　圆锥销（GB/T 117 — 2000）

d	4	5	6	8	10	12	16	20	25	30	40	50
a	0. 50	0. 63	0. 80	1. 0	1. 2	1. 6	2. 0	2. 5	3. 0	4. 0	5. 0	6. 3
长度范围 l	14 ~ 55	18 ~ 60	22 ~ 90	22 ~ 120	26 ~ 160	32 ~ 180	40 ~ 200	45 ~ 200	50 ~ 200	55 ~ 200	60 ~ 200	65 ~ 200
l（系列）	6, 8, 10, 12, 14, 16, 18, 20, 22, 24, 26, 28, 30, 32, 35, 40, 45, 50, 55, 60, 65, 70, 75, 80, 85, 90, 95, 100, 120, 140, 160, 180, 200											

模块 7

绘制零件图

7.1 项目分析

【项目结构】

本模块训练 AutoCAD 的样板图绘制和零件图的绘制，包括图样的图幅、图层、文字样式、图线以及标注样式的设置和综合运用 AutoCAD 的各种绘图命令、编辑命令、块操作等知识完成完整的零件图绘制工作。

【项目作用】

通过本模块训练，进一步掌握 AutoCAD 的基本绘图技能，培养综合应用能力。掌握 AutoCAD 样板图的运用和块的使用，提高绘图效率。了解 AutoCAD 绘制零件图的基本方法和步骤。进一步熟悉相关基本绘图命令和编辑命令快捷键的使用。进一步熟悉 AutoCAD 图案填充、文字输入及形位公差标注。

【项目指标】

（1）掌握 AutoCAD 软件样板图的设置，会制作既符合国家标准又具有个性的样板图。
（2）掌握零件图图样的绘制过程。

7.2 相关基础知识

1. 图纸幅面（GB/T 14689—2008）和标题栏

绘制图样时，应优先采用如表 7-1 所示的规定中的基本图纸幅面。

表7-1 图纸幅面与图框尺寸

幅面代号		A0	A1	A2	A3	A4
幅面尺寸 $B \times L$ 单位：mm^2		841×1 189	594×841	420×594	297×420	210×297
周边尺寸 单位：mm	a	25				
	c	10			5	
	e	20		10		

需要装订的图样，其图框格式如图7-1所示。一般采用A4幅面竖装或A3幅面横装。不需要装订的图样，只要将图7-1中的尺寸 a 和 c 都改为表7-1中的尺寸 e 即可。必要时允许加长幅面。图框线用粗实线绘制。

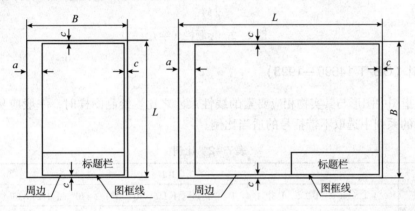

图7-1 需要装订的图框格式

标题栏的格式和尺寸，国家标准 GB/T 10609.1—2008 已做了统一的规定，如图7-2（a）所示。为便于教学，标准规定标题栏的格式和尺寸在制图作业中可以采用图7-2（b）所示的格式。

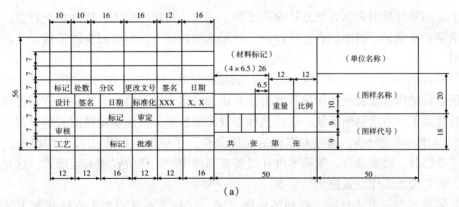

（a）

图7-2 标题栏

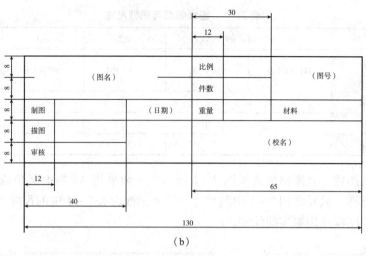

（b）

图7-2　标题栏（续）

2. 比例（GB/T 14690—1993）

比例是指图中图形与其实物相应要素的线性尺寸之比。绘制图样时，一般应从如表7-2所示规定中的系列中选取不带括号的适当比例。

表7-2　比例

与实物相同	1:1
缩小的比例	1:1.5　1:2　1:2.5　1:3　1:4　1:5　$1:10^n$　$1:1.5×10^n$　$1:1.2×10^n$　$1:1.25×10^n$　$1:5×10^n$
放大的比例	2:1　2.5:1　4:1　5:1　$(10×n):1$

比例一般应标注在标题栏的比例栏内，必要时可标注在视图名称的下方或右方。

3. 零件图视图的选择和零件分析

一个好的零件视图表达方案是：表达正确、完整、清晰、简练，同时易于看图。选择视图的原则是：在完整、清晰的表达零件内、外形状的前提下，尽量减少图形数量，以方便画图和看图。

（1）零件的结构形状分析。通过对零件的结构形状分析，了解它的内外结构形状特征，从而可根据其结构形状特征选用适当的表达方法和方案，在完整、清晰地表达零件各部分结构形状的前提下，力求制图简便。这是选择主视图的投影方向和确定视图表达方案的前提。

（2）零件的功能分析。通过对零件的功能分析，了解零件的作用及工作原理，分清其结构的主要部分、次要部分，明确零件在机器或部件中的工作位置和安装形式。这是选择主视图时，需要遵循工作位置原则的依据。

（3）零件的加工方法分析。在画零件图之前，应对该零件的加工方法和加工过程有一个比较完整、清楚的了解，这样就可确定零件在各加工工序中的加工位置。这是选择主视图时，需要遵循加工位置原则的依据。

（4）零件的工艺结构分析。零件的工艺结构分析就是要求设计者从零件的材料、铸造工艺、机械加工工艺乃至于装配工艺等各个方面对零件进行分析，以便在零件的视图选择过程中，考虑这些工艺结构的标准化等特殊要求和规定，使零件视图表达更趋完整、合理。

（5）选择零件图的视图表达方案的注意事项。

①应优先采用基本视图和在基本视图上剖视。

②要以遵循形状特征原则为主，同时考虑尽可能符合工作位置原则和加工位置原则。

③选择主视图时，应同时考虑其他视图的选择，各视图应相互配合，互为补充，使表达既完整又不重复，即应同时考虑整个视图表达方案。

4. 零件图的技术要求

零件图的技术要求是指制造和检验该零件时应达到的质量要求。

（1）零件的材料及毛坯要求。

（2）零件的表面结构要求。

（3）零件的尺寸公差、形状和位置公差。

（4）零件的热处理、涂镀、修饰、喷漆等要求。

（5）零件的检测、验收、包装等要求。

这些内容有的按规定符号或代号标注在图上，有的用文字写在图样的右下方。

7.3　任务1——绘制轴固定盘零件图

【任务要求】

（1）绘制机械制图 A3 图幅的样板图。按标准绘制图框和标题栏，并进行绘图环境的设置，以"A3 模板—横向 . dwt"命名存盘。

（2）调用上述样板图，绘制如图 7-3 所示的零件图图形。

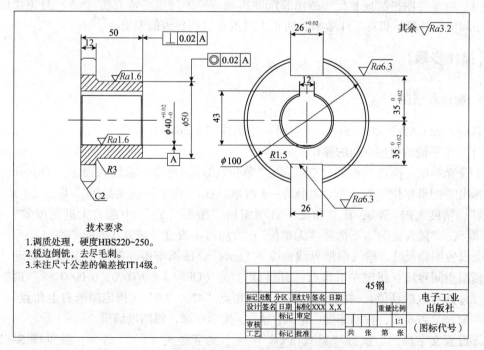

图 7-3　轴固定盘零件图

（3）将表面粗糙度用"ATTDEF"命令定义数字属性，标记 XXX。用"WBlock"命令将表面粗糙度创建成写块，设置块名为"CCD"。

（4）用"Bhatch"命令填充剖面线。

（5）标注图中尺寸和形位公差，用"Instert"命令插入表面粗糙度符号。

（6）保存图形为 SX7-001. dwg。

【思考问题】

（1）何谓零件图？一张完整的零件图应包括哪些内容？

（2）在 AutoCAD 中采用什么比例绘图好？

参考答案

问题1：用来表示零件结构、大小及技术要求的图样称为零件图。一张完整的零件图应包括以下内容：

（1）用机械制图国家标准表达的一组能准确表达零件内外结构形状的图形。

（2）正确、完整、清晰地标注全部尺寸。

（3）技术要求。用规定的符号、标记、代号和文字简明表达各项技术指标。

（4）标题栏。包括零件的名称、材料、比例及制图、审核工程技术人员的签字等。

问题2：最好使用1:1比例绘图，输出比例可以根据需要调整。画图比例和输出比例是两个概念，输出时使用"输出1个单位 = 绘图5个单位"，就是按1:5的比例缩小输出，若"输出10个单位 = 绘图1个单位"，就是放大10倍输出。用1:1比例画图有很多好处。（1）容易发现错误，由于按实际尺寸画图，很容易发现尺寸设置不合理的地方。（2）标注尺寸非常方便，尺寸数字是多少，软件自己测量，万一画错了，一看尺寸数字就发现了。（3）在各个视图之间复制局部图形或者使用块时，由于都是1:1比例，调整块尺寸非常方便。（4）由零件图拼装成装配图或由装配图拆画零件图时也非常方便。（5）避免烦琐地比例缩小和放大计算，提高工作效率，防止出现换算过程导致的差错。

【操作步骤】

1. 制作样板图

启动 AutoCAD 2012，在"工作空间"中选择"AutoCAD 经典"。

（1）在平铺的模型空间的操作。

①设置单位。执行"格式（O）"→"单位（U）"命令，或输入命令"DDunits"，系统将弹出"图形单位"对话框，如图7-4所示。在"长度"选项组的"类型（T）"中选"小数"，精度（P）选0；在"角度"选项组的"类型（Y）"中选"十进制度数"，精度（N）默认；"插入比例"下选择"无单位"；方向可不设置，按默认方向"东（E）"。

②设置图幅尺寸。输入图形界线命令"Limits"，按回车键，在命令提示中出现"重新设置模型空间界线：指定左下角点［开（ON）/关（OFF）］< 0.0000, 0.0000 >："时，按回车键（即起点取默认值）。接着输入图纸右上角点"420, 297"（指定图纸右上角点），按回车键。输入"Zoom"，按回车键，输入"A"，按回车键，将图纸满屏。

③设置文字样式。执行"格式（O）"→"文字样式（S）"命令，参见图5-3。首先，在"文字样式"对话框中，选择默认样式"Standard"，在"字体"下拉列表中选择

"romand. shx", 单击 "应用" 按钮保存并应用系统默认的文字样式。然后, 在 "文字样式" 对话框中单击 "新建" 按钮, 在系统弹出的 "新建文字样式" 对话框中的 "样式名" 编辑框中输入 "汉字", 单击 "确定" 按钮, 参见图 5 - 4。回到 "文字样式" 对话框中, 去掉 "使用大字体 (U)" 前面的对钩, 在 "字体名" 下拉列表中选择 "仿宋_ GB2312", 设置高度为 "5", 宽度比例 "0.67"。单击 "应用" 按钮保存并应用该文字样式。最后, 继续单击 "新建" 按钮, 在系统弹出的 "新建文字样式" 对话框中的 "样式名" 编辑框中输入 "数字", 单击 "确定" 按钮, 在 "字体名" 下拉列表中选择 "Romand. shx", 设置高度为 "5", 宽度比例 "0.67", 倾斜角度为 "15", 单击 "应用" 按钮。数字样式也可选择 "gbeitc. shx", 大字体 "gbcbig. shx"。

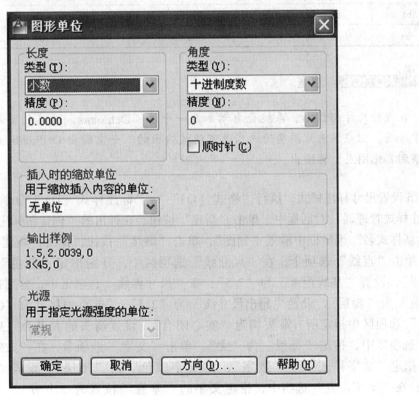

图 7 - 4 设置图形单位

④设置图层。单击 "对象特性" 工具栏中的 "图层" 图标, 打开 "图层特性管理器" 对话框, 单击 "新建" 按钮, 在 "名称" 列输入 "lkx" (轮廓线名称代号), 单击 "线宽" 列, 在弹出的 "线宽" 对话框中, 选择线宽为 "0.5", 单击 "确定" 按钮, 设置为粗实线; 单击 "新建" 按钮, 在 "名称" 列输入 "dhx" (点画线名称代号), 单击 "线宽" 列, 在弹出的 "线宽" 对话框中, 选择线宽为 "0.15", 单击 "线型" 列, 在弹出的 "选择线型" 对话框中单击 "加载" 按钮, 打开 "加载或重载线型" 对话框, 选择线型为 "Center", 单击 "颜色" 列, 在弹出的 "选择颜色" 对话框中, 选择颜色为 "红色", 单击 "确定" 按钮, 再选中 dhx, 按回车键, 设置为中心线。用同样的方法设置其他图层, 如表 7 - 3 所示。

表 7-3　规划图层

图层名	用途	线型	线宽	颜色
0	创建块	Continuous	默认	默认
xsx	细实线	Continuous	默认	默认
lkx	粗实线	Continuous	0.5	默认
dhx	中心线	Center 线性比例 0.3	0.25	红色
pmx	剖面线	Continuous	0.25	紫色
xux	虚线	ACAD_ISO02W100	0.25	默认
wz	输入文字	Continuous	默认	默认
bz	标注尺寸	Continuous	0.09	蓝色
fzx	辅助线	Continuous	0	绿色

NOTICE　注意

在进行尺寸标注后，系统会自动加载一个以"DefPoints"为名的图层，此图层也可用于绘图，但应注意此图层的内容是不能被输出的。如需输出 DefPoints 层的图形，需先转换到其他图层，再输出。

⑤设置尺寸标注样式。执行"格式（O）"→"标注样式（D）"命令，在系统弹出的"标注样式管理器"对话框中，单击"新建"按钮，在弹出的"创建新标注样式"对话框中的"新样式名"编辑框中输入"制图"，单击"继续"按钮，弹出"新建标注样式"对话框。单击"直线"选项卡，在"尺寸线"选项区中，分别指定"颜色"和"线宽"为"随层"，设置"基线距离"为"7.5"；在"尺寸界线"选项区中，分别指定"颜色"和"线宽"为"随层"，设置"超出尺寸线"为"2.5"，"起点偏移量为"0"；在"符号和箭头"选项区中指定所有箭头均为"实心闭合"，设置箭头的大小为"3"；在"圆心标记"选项区中，指定"类型"为"无"。单击"文字"选项卡，在"文字外观"选项区中，指定"文字样式"为"数字"，"文字颜色"为"随层"，设置"文字高度"为"5"；在"文字位置"选项中，指定文字的"垂直"位置为"上方"，"水平"位置为"置中"，设置文字"从尺寸线偏移"的距离为"0.6"；在"文字对齐"选项区中，勾选文字的对齐方式为"ISO 标准"。单击"调整"选项卡，在"调整选项"中选择"文字"；在"文字位置"中勾选"尺寸线旁边"，其余接受默认设置。"主单位"、"换算单位"暂不设置，需要时可用"替代"临时设置。将"公差"选项卡中"方式"的默认设置为"无"。

继续单击"新建"按钮，在弹出的"创建新标注样式"对话框中的"基础样式"下拉列表框中选择"制图"，在"用于"下拉列表中选择"角度标注"，单击"继续"按钮，在"文字"选项卡中的"文字对齐"选项区中，选择"尺寸线上方，带引线"。单击"确定"按钮。

继续单击"新建"按钮，在弹出的"创建新标注样式"对话框中的"基础样式"下拉列表中选择"制图"，在"用于"下拉列表框中选择"引线和公差"，单击"继续"按钮，在"符号与箭头"选项卡中的"箭头"选项区中，指定"引线（L）"为"实心闭合"，设置箭头大小为"3",单击"确定"按钮,关闭"创建新标注样式"对话框。

在"标注样式管理器"对话框中,选择"制图"标注样式,单击"置为当前"按钮,单击"关闭"按钮。

执行"标注（N）"→"引线（E）"命令,在绘图区单击鼠标右键,在弹出的右键菜单中选择"设置",在系统弹出的"引线设置"对话框的"附着"选项卡中选择"最后一行加下画线"。单击"确定"按钮,按 Esc 键退出。

（2）在图纸空间（布局1）的操作。

①绘制标准图框。单击"布局1"标签,将当前图层设置为"lkx"层,输入矩形命令"REC",按回车键,在命令提示行出现"指定第一个角点或［倒角（C）/标高（E）/圆角（F）/厚度（T）/宽度（W）］:"时,输入矩形左下角点"0,0",按回车键,命令提示行出现"指定另一个角点或［尺寸（D）］:"后输入"420,297"。输入偏移命令"O",指定偏移距离为"5",选中矩形线框,将光标向矩形内移动,单击鼠标左键确定,就偏移出了一个矩形。单击"分解"按钮，选中偏移后的矩形,按回车键确认。输入"O",输入偏移距离为"20",选中分解后矩形的左边线,向右拖动光标,单击鼠标左键确定,删除多余的线,得到标准图框,如图 7-5 所示。

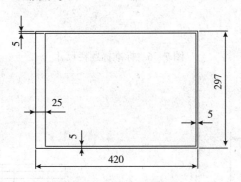

图 7-5　A3 标准图框

②绘制标题栏。国家标准 GB/T 10609.1—2008 规定的标题栏尺寸如图 7-6 所示。可用"偏移 + 修剪"命令来绘制。在"lkx"图层,先画外框。输入"O",按回车键,输入"56",选中内矩形底边线,向上移动光标,单击鼠标左键。输入"O",按回车键,输入"180",选中内矩形右边线,向左移动光标,单击鼠标左键。输入修剪命令"T",单击鼠标右键,修剪出标题栏的外框。将此外框的左边框线用偏移命令向右偏移 4 次,每次偏移的距离分别是:52、64、80、130,得到如图 7-7 所示图形。将上边框线向下偏移 18、28、38、47,将上边框线向下偏移"7",修剪后再向下偏移 2 次,每次偏移距离均为"7",将最后得到的线向下偏移 14,将此线再向下偏移两个"7"。修剪后得到如图 7-8 所示图形。将左边框线向右偏移 10、10、16,修剪后,再将左边框线向右偏移 12、12、16,修剪后得到如图 7-9 所示的图形。最后,将图 7-9 中的标记为 A 的竖线向左偏移 12、12、6.5、6.5、6.5。修剪后再将图 7-6 中的细实线转换到 xsx 层,即细实线层。

③创建视口。执行"视图（V）"→"视口（V）"→"一个视口（1）"命令,在图框左上角按下鼠标左键拖曳到右下角适当位置单击。

（3）保存设置好的样板。执行"文件（F）"→"另存为（A）"命令,打开"图形另存为"对话框,在"文件类型"下拉列表框中选择"AutoCAD 图形样板（ * . dwt）"选项,在文件名输入框中输入样板图的名称："A3 模板—横向"，单击"保存"按钮，如图 7-10 所示。在系统弹出的"样板说明"对话框中，输入此样板文件的说明（也可以不加），如"A3 图纸横放，可用于机械零件制图等"，如图 7-11 所示。

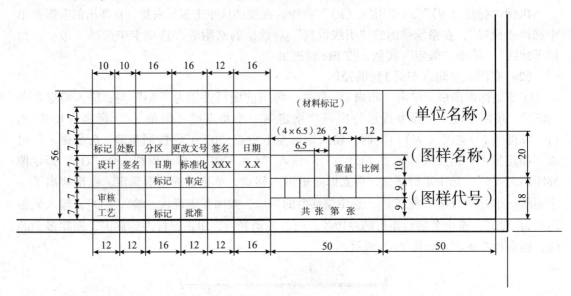

图 7-6 标准标题栏尺寸

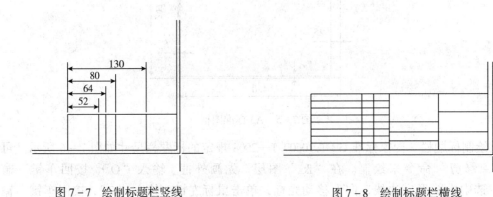

图 7-7 绘制标题栏竖线   图 7-8 绘制标题栏横线

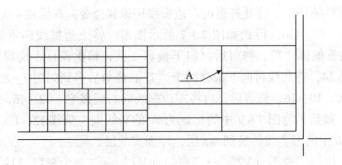

图 7-9 偏移线 A，完成标题栏

图 7-10 "图形另存为"对话框

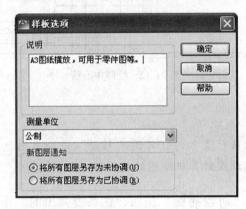

图 7-11 "样板选项"对话框

NOTICE 注意

当需要使用该样板绘图时，在"启动"软件后，按"Ctrl + N"组合键，或输入"new"，然后从系统弹出的"选择样板"对话框中找到保存时输入的文件名"A3 模板—横向"，双击打开即可。

2. 绘制零件视图

（1）输入"new"，按回车键，在系统弹出的"创建新图形"对话框中，单击"使用样板"按钮，从"选择样板"列表中选择"A3 模板—横向 . dos"，单击"确定"按钮，调出前面创建的样板图。执行"文件（F）"→"另存为（A）"命令，在"保存在"的下拉列表中选择保存文件的路径（用户文件夹），在"文件名"输入框输入"轴固定盘"，单击"保存"按钮。

（2）输入"LA"，在"图层特性管理器"中，选择"dhx"层，双击此层前面的状态图标，使其出现"√"，将中心线层设为当前层。

（3）输入直线命令"L"，打开"正交"模式，在图框左边适当位置单击鼠标左键，输入第一点，将光标右移，输入210，按回车键。在右边左视图位置上方适当位置单击鼠标左键，确定一点向下移动到对称处（近似）单击鼠标左键，确定第二点，绘制垂直中心线，如图7-12所示。

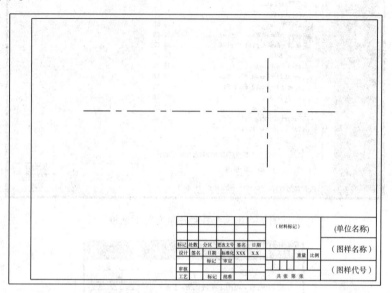

图7-12 绘制中心线

NOTICE 注意

作图中如果发现中心线位置不对，可用"移动"命令或通过夹点操作来方便地改变中心线的位置或长度，这就是计算机绘图的灵活性。

（4）用鼠标右键单击"对象捕捉"按钮，在系统弹出的"草图设置"对话框中勾选"交点"，单击"确定"按钮并按F3键，打开"对象捕捉"，输入圆命令"C"，单击水平中心线和垂直中心线的交点，输入"D"，输入直径值"40"，单击"确定"按钮，绘制出内孔在左视图的投影线。单击鼠标右键，在右键菜单中选"重复Circle（R）"，重新单击"交点"，输入"D"，输入"100"，单击"确定"按钮，绘制最大外圆在左视图的投影线。用同样方法绘制直径为96的同心圆，如图7-13所示。输入偏移命令"O"，按回车键，输入偏移距离"13"，选中垂直中心线，分别向左、向右偏移。再输入偏移命令"O"，输入偏移距离"35"，选中水平中心线，分别向上、向下偏移，按回车键，用修剪命令"TR"将左视图修剪为如图7-14所示的形状。

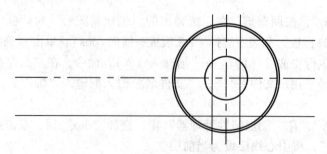

图7-13 绘制投影圆

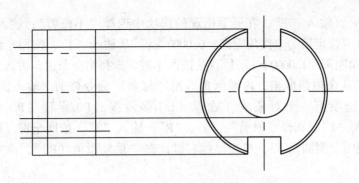

图 7 – 14 绘制左视图

（5）切换到辅助线层，根据投影关系作辅助线，画出主视图的左边线（可画较长的垂直线修剪），并向右偏移 12、50。输入打断命令"Break"，将中心线打断，如图 7 – 14 所示。将主视图的中心线上、下偏移"30"。修剪后得到如图 7 – 15 所示的轮廓，将主视图上表示内孔的下轮廓线向上偏移 43，夹持偏移线的右点，打开"正交"模式，拉长到左视图上，将左视图的垂直中心线分别向左、右偏移 6，如图 7 – 15 所示。修剪主视图上的键槽，将偏移后的轮廓线切换到"lkx"层，输入"L"，按回车键，单击左视图上键槽与内孔的交点，拖放到主视图上，修剪后，如图 7 – 15 所示。输入圆命令"C"，单击左视图大圆圆心，输入"D"，输入直径值"42"，单击"确定"按钮，绘制出内孔倒角圆在左视图的投影线，修剪后如图 7 – 16 所示。

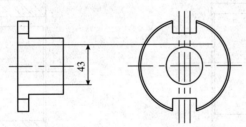

图 7 – 15 绘制主视图和左视图上的键槽

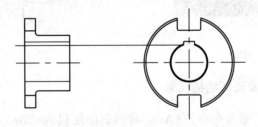

图 7 – 16 绘制倒角圆

（6）倒角。先对外圆倒角。输入"CHA"，或单击工具栏的"倒角"按钮，在命令提示行出现"选择第一条直线或 [多段线（P）/距离（D）/角度（A）/修剪（T）/方法（M）]:"后输入角度值"A"，在命令提示行出现"指定第一条直线的倒角长度 <10.0000>:"后输入倒角长度值"2"，在"指定第一条直线的倒角角度 <0.0000>:"后输入角度值"45"，这时鼠标变成"选择"形状"□"，单击欲倒角的第一条边，再单击第二条边，就完成了一个"C2"倒角，即倒角角度为45°，倒角距离为2，如图 7 – 17 所示。用类似的方法完成其余外圆倒角，再对内圆倒角。

输入"CHA"，输入"T"，在屏幕出现的选项中选择"不修剪"，输入"D"，按回车键，在命令提示"指定第一个倒角距离＜0.0000＞:"后输入"1"，按回车键，在命令提示"指定第二个倒角距离＜1.0000＞:"后直接按回车键，选择第一条边，再选择第二条边。用同样的方法完成其余内圆倒角，内圆倒角后用"修剪"命令修剪。输入倒圆角命令"Fillet"，在出现"选项第一个对象或［放弃（U）/多段线（P）/半径（R）/修剪（T）/多个（M）]:"后输入"T"，选择"修剪"；输入"R"，输入"3"，按回车键，用与修剪倒角类似的方法在主视图上倒圆角R3，单击鼠标右键，选"重复圆角（R）"，倒左视图上的圆角R1.5。

（7）输入"LA"，按回车键，将当前图层设为"pmx"层，输入图案填充命令"BH"，单击"图案（P）"右边的按钮，在弹出的"填充图案选项板"中选择"ANSI"，点选其中的"ANSI31"，单击"确定"按钮，将"图案填充和渐变色"对话框下面的比例设为1，"类型"设置为"预定义"，"角度"设置为"0"，其余为默认值。然后单击"添加：拾取点"按钮，单击要填充区域的封闭框内一点，按回车键，返回对话框。预览设置效果。单击"预览"按钮，进入绘图状态，显示图案填充结果。预览后按回车键，返回"图案填充和渐变色"对话框。在"图案填充和渐变色"对话框中单击"确定"按钮，完成剖面线的绘制，如图7-18所示。

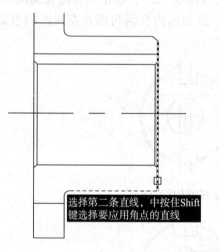

图7-17 倒角

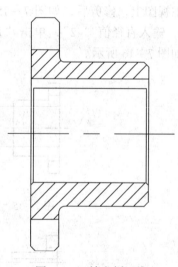

图7-18 填充剖面线

3. 标注尺寸、公差和表面结构代号

（1）标注线性尺寸。输入命令"LA"，将当前图层设为"bz"层。执行"标注（N）"→"线性（L）"命令，单击主视图左下角点，再单击右边与之相对应的角点，拖曳到下面适当位置单击放置，标注底板长度12，接着执行"标注（N）"→"基线（B）"命令，单击右边线上一点，按回车键，标注总长50。执行"标注（N）"→"线性（L）"命令，标注左视图上端开口槽宽26，再执行"标注（N）"→"线性（L）"命令，标注上槽底到中心线的距离35，接着执行"标注→连续"命令，单击下槽底上一点，标注下槽底到中心线的距离35。单击鼠标右键，在右键菜单中选择"重复线性（R）"，标注键槽宽12。同样单击鼠标右键，选第一项，捕捉左视图内孔圆的下象限点（"Shift＋右击"选"象限点"），再单击键槽上边线上一点，标注尺寸43。

（2）标注直径和半径。执行"标注（<u>N</u>）"→"直径（<u>D</u>）"命令，选左视图最大外圆，标注直径 $\phi100$。执行"标注（<u>N</u>）"→"半径（<u>R</u>）"命令，分别选中主视图和左视图上的圆角线，标注 $R3$ 和 $R1.5$。执行"标注（<u>N</u>）"→"线性（<u>L</u>）"命令，分别单击两界线点后，输入"M"，选择多行文字，按回车键，在"文字格式"中选"@"，再选"％％C"，拖曳鼠标在适当位置单击左键，标注出 $\phi60$。

（3）用对象特性修改法输入尺寸 26、35 的上、下极限偏差。双击尺寸 26，在对象特性的公差组的"显示公差"后选"极限偏差"，在上极限偏差输入框输入 0.02，下极限偏差输入 0。用同样方法在尺寸 35 后加上极限偏差 0，下极限偏差 -0.04。

（4）执行"标注（<u>N</u>）"→"引线（<u>E</u>）"命令，单击鼠标右键，选择"设置"，在"注释"选项卡中勾选"无"和"重复使用下一个"，在"引线和箭头"选项卡中，设置"箭头"为"无"，单击"确定"按钮，捕捉主视图右端外圆倒角处右端点，拉出一段长度后单击鼠标左键，按回车键。输入命令"T"，输入"C2"，用同样的方法标注内圆倒角"2XC1"和大圆倒角"C2"。执行"标注（<u>N</u>）"→"引线（<u>E</u>）"命令，单击鼠标右键，选择"设置"，在"注释"中勾选"公差"，单击"确定"按钮，单击尺寸 50 的尺寸线右端点，拉出一段长度后单击鼠标左键，按回车键，在弹出的"形位公差"输入框中，单击第一行的"符号"，选择"⊥"，在"公差 1"内输入 0.02，在"基准 1"内输入"A"，单击"确定"按钮，完成形位公差的标注。

NOTICE 注意

AutoCAD 默认的极限偏差符号：上偏差为 +，下偏差为 -。因此，若要标注下偏差为"+0.1"，就要在 0.1 前加"-"号。

（5）标注表面结构代号。从命令行输入命令"Insert"，在"插入"对话框中，选择模块 6 制作的名称为"CCD"的块。"插入点"选择"在屏幕上指定"，其余默认。单击"确定"按钮，这时在光标上就出现了"块"的形状，并随光标移动。设置"对象捕捉"为最近点，分别在要插入的"正向放置"的表面单击鼠标左键，按回车键，输入属性值，即表面粗糙度的值。倒置的插入方法是：在输入命令"Insert"，单击"确定"按钮后，输入"R"，在"指定旋转角度 <0>"后，输入"180"，按回车键，捕捉最近点，输入属性值，插入倒置的块，双击块属性值，在"增强属性编辑器"中单击"文字选项"选项卡，在"旋转（<u>R</u>）"后的输入框内输入"0"，单击"确定"按钮。

NOTICE 注意

在"增强属性编辑器"中可修改属性值和调整属性值的位置。这是 AutoCAD 2004 版以后才有的功能。

4. 填写标题栏及技术要求

（1）输入"LA"，将"wz"层设为当前层，输入命令"Text"，按回车键（当前文字样式为：Standard，当前文字高度：5.0000），在"指定文字的起点或 [对正（<u>J</u>）/样式（<u>S</u>）/]:"后输入"S"，选择"汉字"，指定文字样式为汉字。在图样右上角位置单击要输入文字的左下角一点，按回车键，输入"其余"。用插入块的方法插入表面粗糙度符号（属性值12.5）。用同样方法在标题栏内输入文字。若已有其他文字，可双击修改。

（2）输入多行文字命令"T"，在"文字格式"中选当前文字样式为"汉字"，但前文字高度为"5"。用鼠标左键单击文字输入区的左上角点，拖放到右下角点。输入"技术要求"，得到图7-3完整的零件图。

【知识链接与操作技巧】

1. 读零件图的步骤

（1）概括了解。看标题栏，了解零件名称、材料和比例等内容。

（2）视图表达和结构形状分析。分析零件各视图的配置及视图之间的关系。

（3）尺寸和技术要求分析。分析零件的长、宽、高三个方向的尺寸基准，分析尺寸的加工精度要求及其作用，理解标注的尺寸公差、形位公差和表面粗糙度等技术要求。

（4）综合归纳。综合考虑视图、尺寸和技术要求等内容，对所读零件图形成完整的认识。

2. 盘盖类零件的识读方法和步骤

（1）盘类零件的特点如表7-4所示。

表7-4　盘盖类零件的特点

盘盖类零件的特点	
结构特点	主体部分常有回转体组成，也可能是方体或组合形体。零件通常有键槽、轮辐、均布孔等结构，并且常有一个断面与部件中的其他零件结合
主要加工方法	毛坯多为铸件，主要在车床加工，轻薄时采用刨床或铣床加工
视图表达	一般采用两个基本视图表达，主视图按加工位置原则，轴线水平放置，通常采用全剖视图表达内部结构，另一个视图表达外形轮廓和其他结构，如孔、肋、轮辐的相对位置
尺寸标注	以回转轴线作为径向尺寸基准，轴向尺寸则以主要结合面为基准。对于圆或圆弧形盘类零件上的均布孔，一般采用"$n \times \phi m$EQS"的形式标注，角度定位尺寸可省略（n 为孔的数目，m 为孔的直径，EQS 表示均匀分布）
技术要求	重要的轴、孔和端面尺寸精度较高，且一般都有形位公差要求，如同轴度、垂直度、平行度和端面跳动等。配合的内、外表面及轴向定位端面的表面有较高的表面粗糙度要求，材料多为铸件，有时效处理和表面处理等要求

（2）识读方法和步骤。

①概括了解。从标题栏了解名称、材料、比例。

②视图表达和结构形状分析。

❖ 主视图：采用全剖视图，零件主要在车床上加工，符合加工位置原则。

❖ 左视图：表达带圆角的方形凸缘和四个均布孔的分布情况。

③分析尺寸。径向以水平轴线为尺寸基准，长度方向以右端面为主要尺寸基准，以左端面为辅助基准。

④分析技术要求。配合表面均有尺寸公差要求，如$\phi35$、$\phi50$等。由于相互间没有相对运动，表面粗糙度要求并不高，右端面还有垂直度要求。

【小结】

绘制零件图时，应按照国家标准的有关规定绘制图线，标注尺寸，填写技术要求。零件图应做到完整、准确、清晰。

7.4　任务2——绘制轴零件图

【任务要求】

（1）运用任务1绘制的机械制图 A3 图幅的样板图，继续完成如图 7-19 所示零件图图样。

（2）尽量通过键盘操作，多用快捷键输入命令或使用鼠标右键，双手合作绘制图形、填充剖面线、插入表面粗糙度符号并完成所有标注及文字输入，要求提高绘图效率。

【思考问题】

（1）怎样提高绘图速度？平时练习时应养成哪些好的绘图习惯？

（2）如何编辑已经输入的字体格式？

参考答案

问题1：如前所述，计算机绘图有很多优点，但操作起来就要讲究规范和效率。我们知道打字是要讲究指法的，那么绘图也要讲究"指法"。不过，绘图软件设计了多种操作途径，要从中找出最佳途径。第一，绘图遇到的常用命令要用快捷键输入。只要经过一段时间反复训练就可以了。第二，绘图时，有些人仅用一只手握鼠标和操作键盘，另一只手拿书或放在口袋里，这是不好的习惯，一开始就要养成双手协同操作的良好习惯。一般可右手握鼠标，左手操作键盘。例如，输入"直线"命令，可直接在命令行输入该命令的首位字母"L"，敲击空格键确认命令（方便左手），就像打字一样，我们把左手放在"ASDF"的标准键位上，拇指可以轻松地单击空格键确认命令。又如，有些较特殊的"捕捉点"可用左手按住 Shift 键，右手单击鼠标右键，从右键菜单中迅速选择"对象"。等到输入大量文字时再改用双手操作键盘。第三，勤于思考，主动探究软件的原理，逐步领会这些命令的实质和相互关系。就拿操作中应较多的"复制"类编辑命令来说，"镜像"其实就是"复制"一个对称图形；"移动"就是"复制"一个图形并删除原对象；而偏移就是按规定的移动距离"复制"一个图形，等等。第四，善于总结经验，每完成一个绘图任务，就要总结一下，绘图中有哪些体会，哪些地方还可加以改进。第五，绘图要养成"干净利落"的良好习惯。过去工程技术人员在图纸上绘图是很讲究图面整洁的，同样用软件绘图也要做到清晰、整齐、美观。

问题2：如果想改变已输入的单行文字的大小、字体、高宽比例、间距、倾斜角度、插入点等，最好利用"特性（DDModify）"命令（前提是已经定义好了许多文字格式）。选择"特性"命令，单击要修改的文字，按回车键，出现"修改文字"窗口，选择要修改的项目进行修改即可。对于多行文字，双击要修改的文字，在系统弹出的"文字格式"对话框中修改。

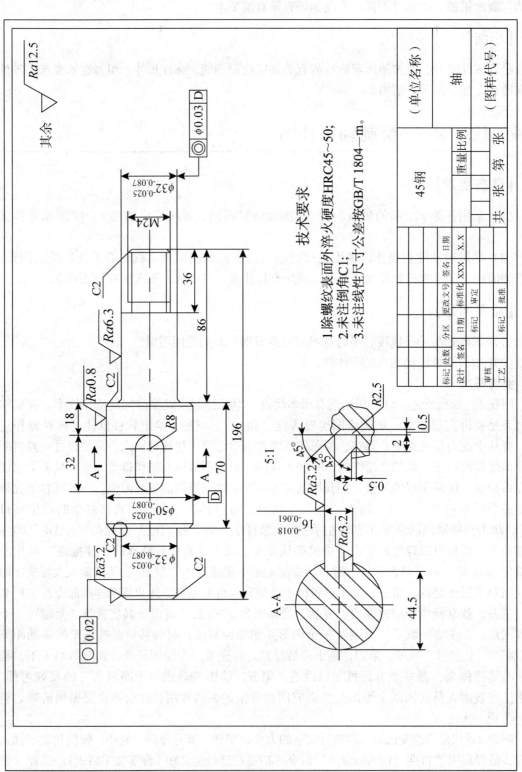

图7-19 轴零件图

【操作步骤】

打开样板图框，直接绘制零件视图。

（1）输入"new"，按回车键，在系统弹出的"创建新图形"对话框中，单击"使用样板"按钮，从"选择样板"列表中选择"A3 模板—横向 . dos"，单击"确定"按钮，就调出了前面创建的样板图。执行"文件（F）"→"另存为（A）"命令，在"保存在"后的下拉列表中选择保存文件的路径（用户文件夹），在"文件名"后的输入框输入"SX7-002"，单击"保存"按钮。

（2）输入"LA"，在"图层特性管理器"中，选择"zxx"（中心线）层，双击此层前面的状态图标，使其出现"√"，将中心线层设为当前层。

（3）按"F8键"打开"正交"模式，输入直线命令"L"，按空格键，在图框左边适当位置单击输入第一点，将光标右移，输入 210，按空格键确定。单击鼠标右键，在右键菜单中选择"重复 Line（R）"，在左边工作区任意位置单击一点，向下移动光标，输入"25"，按空格键，绘制垂直中心线。单击移动命令"M"，按住 Shift 键，用鼠标右键捕捉"端点"作为基点，再捕捉中心线左端点，移到中心线左端点，单击鼠标左键确定，如图 7-20 所示。

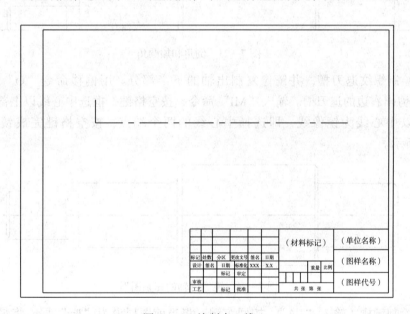

图 7-20　绘制中心线

（4）输入偏移命令"O"，按空格键，输入总长"196"，绘制最右端线。用同样方法将右端线向左分别偏移 30、36、86、156。再用偏移命令"O"，将中心线向上分别偏移 12、16 和 25，将偏移后得到的所有线段切换到"lkx"（轮廓线）层，如图 7-21 所示。

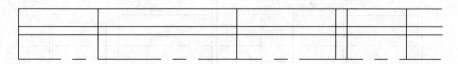

图 7-21　偏移水平线和竖线

（5）用修剪命令"TR"将主视图上偏移修剪为如图 7-22 所示的形状。

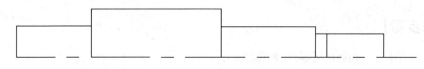

图 7 - 22　修剪

（6）倒圆角和倒角。输入倒圆角圆命令"F"，在出现"选择第一个对象或［放弃（U）/多段线（P）/半径（R）/修剪（T）/多个（M）］:"后输入"T"，选择"不修剪"；输入"R"，输入圆角半径"3"，按空格键，先后选中具有圆角轴肩的两条边，倒圆角 R3。输入倒角命令"CHA"，在命令提示行出现"选择第一条直线或［多段线（P）/距离（D）/角度（A）/修剪（T）/方式（E）/多个（M）］:"后输入"M"，按空格键，输入"T"，在屏幕选择"修剪"，输入"A"，在命令提示行出现"指定第一条直线的倒角长度 <10.0000>:"后输入倒角长度值"2"，在"指定第一条直线的倒角角度 <0.0000>:"后输入角度值45，这时鼠标变成"选择"形状"□"，单击欲倒角的第一条边，再单击第二条边，就完成了一个"C2"倒角，即倒角角度为45°，倒角距离为2，接下去直接进行其余倒角，如图 7 - 23 所示。

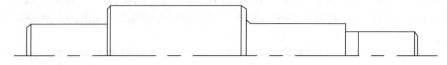

图 7 - 23　倒角和加圆角

（7）绘制螺纹退刀槽，并镜像复制出轴的下半部分。用偏移命令"O"和修剪命令"TR"，修剪出右边的退刀槽。输入"MI"命令，按空格键，框选中心线以上部分，单击鼠标右键，以中心线为镜像线，即选择中心线的两个端点，按空格键完成镜像复制，如图 7 - 24 所示。

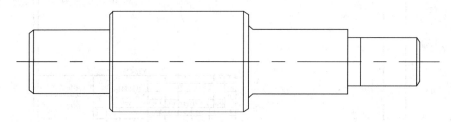

图 7 - 24　镜像得轴的完整图形

（8）绘制键槽。输入"LA"，按回车键，将当前图层设为"lkx"层，将最大直径上右边缘的竖线分别向左偏移"26"和"42"，用圆命令"C"，以偏移后的线与中心线的交点为圆心绘制两个半径为"8"的圆，用直线命令"L"，分别连接两圆的上、下象限点，用"TR"命令修剪，如图 7 - 25 所示。

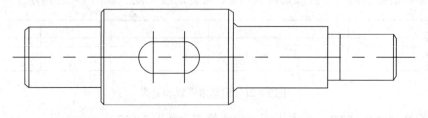

图 7 - 25　绘制键槽

（9）绘制断面图和局部视图。切换到"zxx"层，在图的左下方先绘制两条中心线，长度为30，用偏移命令"O"将垂直中心线向左偏移"19.5"，再将水平中心线向上、下偏移"8"。用修剪命令"TR"修剪，得到如图7-26（a）所示的断面图。接下来，绘制左端轴肩的局部放大视图，放大倍数为5倍。绘制两端相互垂直的直线，按图样7-19中的尺寸乘以5，偏移出如图7-26（c）所示的图线。绘制两条方向为135°的直线，经修剪和倒圆角，得到如图7-26（b）所示的图形。

（10）输入图案填充命令"BH"，单击"图案（P）"右边的按钮，在弹出的"填充图案选项板"中选择"ANSI"中的"ANSI31"，单击"确定"按钮，将"图案填充和渐变色"对话框下面的比例设为2，"类型"设置为"预定义"，"角度"设置为"0"，其余为默认值。然后单击"添加：拾取点"按钮，单击要填充区域，按空格键，返回对话框。预览设置效果。单击"预览"按钮，进入绘图状态，显示图案填充结果。预览后按回车键，返回"图案填充和渐变色"对话框。在"图案填充和渐变色"对话框中单击"确定"按钮，完成剖面线的绘制。

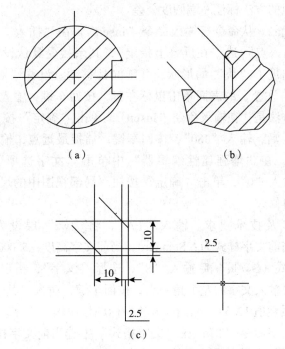

（a）　　　　　　　　（b）

（c）

图7-26　绘制断面图和局部放大图

（11）标注尺寸、公差和表面粗糙度。

①标注线性尺寸。输入命令"LA"，将当前图层设为"BZ"层。执行"标注（N）"→"线性（L）"命令，按空格键。先标注轴长度36，接着执行"标注（N）"→"基线（B）"命令，单击右边线上一点，按空格键，标注长度86，总长196。执行"标注（N）"→"线性（L）"命令，标注长度70，再执行"标注（N）"→"线性（L）"命令，标注键槽的定型尺寸32，接着执行"标注（N）"→"连续（C）"命令，单击下槽右一点，标注槽的定位尺寸18。单击鼠标右键，在右键菜单中选第一项"重复线性（R）"，标注断面图上键槽宽16。同样单击鼠标右键，选第一项，标注直径尺寸。用对象特性修改法标注螺纹公称尺

寸 M24 的"M"、轴上直径尺寸 ϕ50、ϕ32 的"ϕ"和上下偏差值。双击尺寸 24，在对象特性的"主单位"组的"前缀"后输入"M"，单击"应用"按钮。同样地，双击尺寸 50，在对象特性的"主单位"组的"前缀"后输入"%%C"，单击"应用"按钮，在"公差组"的上偏差输入框输入"-0.025"，下偏差输入"0.087"。用同样方法在尺寸 32 前加"ϕ"，后加上偏差、下偏差。单击"应用"按钮。在键槽宽度 16 后加极限偏差。执行"标注（N）"→"引线（E）"命令，单击鼠标右键，选择"设置"，在"注释"选项卡中勾选"无"和"重复使用下一个"，在"引线和箭头"选项卡中，设置"箭头"为"无"，单击"确定"按钮，捕捉主视图右端外圆倒角处右端点，拉出一段长度后单击鼠标左键，按回车键。输入命令"T"，输入"C2"，用同样的方法标注其他倒角"C2"。执行"标注（N）"→"引线（E）"命令，单击鼠标右键，选择"设置"，在"注释"中勾选"公差"，单击"确定"按钮，单击尺寸 ϕ32 的尺寸线下端点，拉出一段长度后向右移动一小段单击鼠标左键，按空格键，在弹出的"形位公差"输入框中，单击第一行的"符号"，选"◎"，单击"ϕ"，在"公差 1"内输入 0.03，在"基准 1"内输入"D"，单击"确定"按钮，完成几何公差的标注。用类似的方法标注左端圆度公差。

②标注表面结构代号。从命令行输入命令"Insert"，在"插入"对话框中，选择名称为"CCD"的块。"插入点"选"在屏幕上指定"，其余接受默认设置。单击"确定"按钮，这时在光标上就出现了"块"的形状，并随光标移动。设置"对象捕捉"为最近点，分别在要插入的"正向放置"的表面单击鼠标左键，按回车键，输入属性值，即表面粗糙度的值。倒置的插入方法是：在输入命令"Insert"，单击"确定"按钮后，输入"R"，在"指定旋转角度<0>"后，输入"180"，按回车键，捕捉最近点，输入属性值，插入倒置的块，双击块属性值，在"增强属性编辑器"中单击"文字选项"选项卡，在"旋转（R）"后的输入框内输入"0"，单击"确定"按钮。局部视图中的尺寸，由于做了放大处理，因此可先标注，再修改。

（12）填写标题栏及技术要求。输入"LA"，将"wz"层设为当前层，输入命令"Text"，按回车键（当前文字样式为：Standard，当前文字高度：5.0000），在"指定文字的起点或 [对正（J）/样式（S）/]："后输入"S"，选择"汉字"，指定文字样式为汉字。在图样右上角位置单击要输入文字的左下角一点，按回车键，输入"其余"。用插入块的方法插入表面结构代号（属性值 12.5）。用同样方法在标题栏内输入文字。若已有其他文字，可双击修改。输入多行文字命令"T"，在"文字格式"中选当前文字样式为"汉字"，当前文字高度为"7"。用鼠标左键单击文字输入区的左上角点，拖曳到右下角点。输入"技术要求"四个字，再改变文字高度为 5，输入技术要求的具体内容，得到如图 7-19 所示完整的零件图。

【知识链接与操作技巧】

1. 轴类零件的特点

（1）结构特点。轴类零件通常由数段不同直径的同轴回转体组成，轴上常有键槽、轴肩、退刀槽、越程槽、螺纹等结构。

（2）视图表达。主视图一般按加工位置放置，表达主要结构，并与工作位置或加工位置相同。为表达局部结构，还常用断面图、局部视图来表达轴的局部结构。

（3）尺寸标注。轴向的主要尺寸基准为重要的端面，径向以轴线为基准。

（4）技术要求。有配合要求的表面，精度要求相对较高，尺寸精度一般在 IT7 级以上，表面粗糙度值较小，通常 $Ra < 3.2$。另外，有配合要求的轴颈、断面有同轴度、垂直度等几何公差要求。

（5）主要加工方法。毛坯一般用棒料或锻件，主要加工手段为车削、磨削等。

2. 轴类零件的识读方法和步骤

（1）概括了解。从标题栏可知绘制轴类零件的比例、材料。

（2）视图表达和结构形状分析。先看主视图，一般零件主要在车床上加工，故方向与加工位置一致。键槽等局部结构一般用移出断面来表达。退刀槽、越程槽等较小结构可用局部放大来表示。

（3）分析尺寸。尺寸基准径向以水平轴线为基准，长度方向以重要的端面为主要基准，以轴的左端面和右端面为辅助基准。

（4）分析技术要求。轴的配合表面均有尺寸公差要求，同时表面粗糙度要求也较高。轴的重要端面还有垂直度要求。

3. 轴类零件的绘制技巧

绘制轴类零件时，利用其对称性，通常只需画一半，另一半通过镜像复制得到。标注尺寸可先标注"线性尺寸"，再从"对象特性"中修改。

7.5　拓展延伸

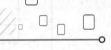

对现有的零件实物进行绘图、测量和确定技术要求的过程，称为零件测绘。仿造和修配测绘零件的工作常在机器的现场进行，由于受条件的限制，一般先绘制零件草图（即以目测比例、徒手绘制的零件图），然后由零件草图整理成零件图。

1. 零件测绘的方法与步骤

（1）了解、分析测绘对象。了解零件的名称、用途、材料，并对零件结构进行大致分析。

（2）拟定零件的表达方案。根据零件特点，确定主视图的投射方向，并根据零件结构的复杂程度选择其他视图的表达方案。

（3）绘制零件草图。

（4）绘制零件工作图。对零件草图进行检查校核，绘出零件工作图。

2. 零件尺寸的测量

（1）零件上的尺寸测量应集中进行，以提高工作效率，避免遗漏。

（2）常用的量具有直尺、卡钳、游标卡尺和螺纹规等。

3. 零件测绘的注意事项

（1）零件上的制造缺陷及长期使用产生的磨损，均不应画出。

（2）零件上的工艺结构，要查阅有关标准画出。

（3）有配合关系的尺寸，一般只要测量基本尺寸，配合性质及公差值，应查阅有关手册。

（4）不重要的尺寸，允许将测量的尺寸圆整。

（5）对螺纹、键槽、齿轮等标准结构的尺寸，应将测得的数值与有关标准核对，使尺寸符合标准系列。

（6）零件上的技术要求，可参考同类型产品或有关资料确定。

（7）根据设计要求，参考有关资料确定零件的材料。

习题 7

1. 按如图 7 - 27 所示绘制螺杆的零件图，并定义成"写块"。

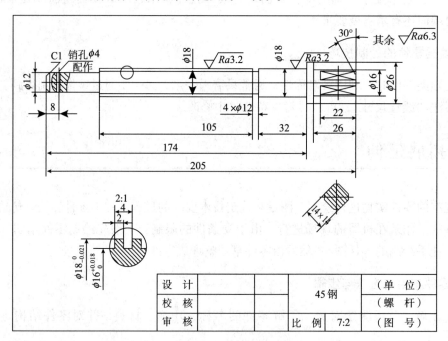

图 7 - 27　题 1 图

2. 按如图 7 - 28 所示绘制螺母块的零件图，并定义成"写块"。

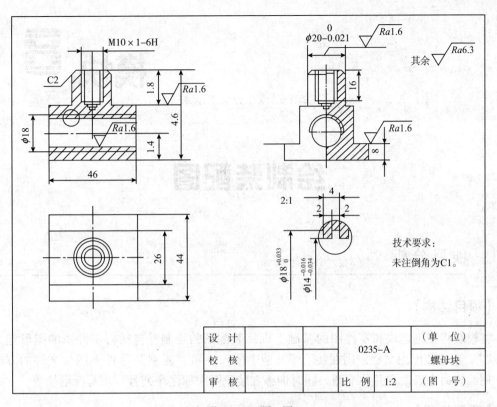

设　计				（单　位）
校　核			0235-A	螺母块
审　核		比　例	1:2	（图　号）

图 7 – 28　题 2 图

模块 8

绘制装配图

8.1 项目分析

【项目结构】

本模块将在创建块和零件图的基础上训练装配图的绘制，包括将零件图的图形定义成"写块"、新建装配图文档，用在装配图文档中插入块和"复制"零件图图形文件的方法绘图、用编辑命令修改合并装配图。同时训练在装配图中标注序列号、填写标题栏等。

【项目作用】

通过本模块训练，进一步熟悉图样模板的创建，掌握 AutoCAD 用插入零件的方法绘制装配图的操作步骤，进一步培养综合应用 AutoCAD 软件的能力。

【项目指标】

(1) 了解装配图的组成和特点，了解装配图和零件图的区别。
(2) 掌握用插入"写块"的方法和复制零件图的一部分到装配图文档的方法绘制装配图。
(3) 能综合运用 AutoCAD 软件的绘图命令和编辑命令修改插装后的图形。
(4) 会标注装配图尺寸和零部件序号，会填写技术要求和明细表。

8.2 相关基础知识

1. 装配图及其作用

一台机器或一个部件都是由若干个零（部）件按一定的装配关系装配而成的，如图 8-1 所示的台钳是由固定钳座，钳口板、活动钳身、螺杆、螺钉、螺母块、垫圈、环等装配而成的。表示产品及其组成部分的连接、装配关系的图样称为装配图。

装配图在科研和生产中起着十分重要的作用。装配图是设计、制造、使用、维修以及技术交流的重要技术文件。装配图是表达机器、部件或组件的图样。在设计产品时，通常是根据设计任务书，先画出符合设计要求的装配图；在制造产品的过程中，要根据装配图制定装配工艺规程来进行装配、调试和检验产品；在使用产品时，要从装配图上了解产品的结构、性能、工作原理及保养、维修的方法和要求。

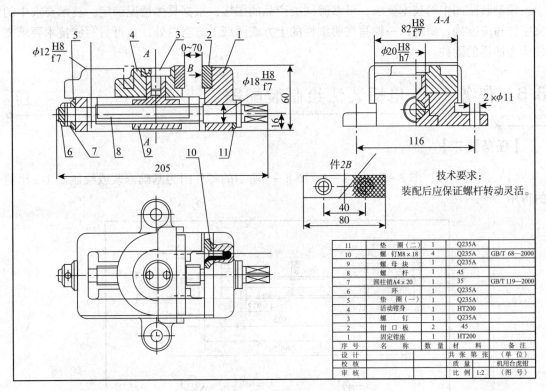

图 8-1　台钳装配图

2. 装配图中主要应标注的尺寸

装配图中，不必标注全所属零件的全部尺寸，只需注出用以说明机器或部件的性能、工作原理、装配关系和安装要求等方面的尺寸，这些必要的尺寸是根据装配图的作用确定的。

（1）性能尺寸（规格尺寸）：表示机器或部件的性能、规格的尺寸。例如，图 8-1 机用台虎钳的钳口宽 0~70。

（2）装配尺寸：包括作为装配依据的配合尺寸和重要的相对位置尺寸。

（3）安装尺寸：表示将机器或部件安装在地基上或与其他部件相连时所需要的尺寸。

（4）外形尺寸：表示机器或部件外形的总长、总宽、总高的尺寸。它反映了机器或部件的大小，是机器或部件在包装、运输和安装过程中确定其所占空间大小的依据，例如，图 8-1 螺杆的总长 205、总高 60。

（5）其他重要尺寸。

3. 装配图中的技术要求

用文字或符号在装配图中说明对机器或部件的性能、装配、检验、使用等方面的要求和条件，这些统称为装配图中的技术要求。

性能要求指机器或部件的规格、参数、性能指标等；装配要求一般指装配方法和顺序，装配时的有关说明，装配时应保证的精确度、密封性等要求；使用要求是对机器或部件的操作、维护和保养等有关要求。此外，还有对机器或部件的涂饰、包装、运输等方面的要求及对机器或部件的通用性、互换性的要求等。

编制装配图中的技术要求，可参阅同类产品的图样，根据具体情况确定。技术要求中的文字注写应准确、简练，一般写在明细栏的上方或图纸下方空白处，也可另写成技术要求文件作为图样的附件。

8.3 任务1——用插装法绘制装配图

【任务要求】

（1）以图8-2，图8-3，图8-4，图8-5所示的零件图为基础修改或绘制出1:2比例的待用图形。

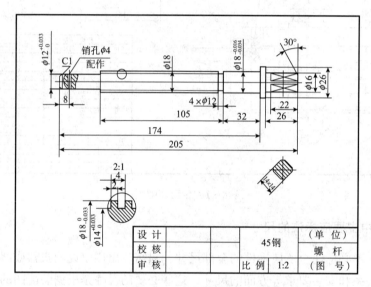

图8-2 螺杆零件图

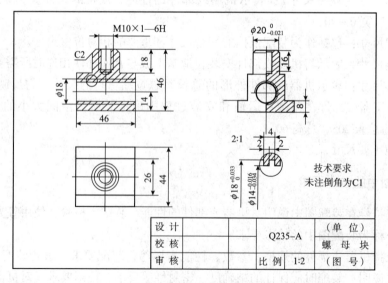

图8-3 螺母块零件图

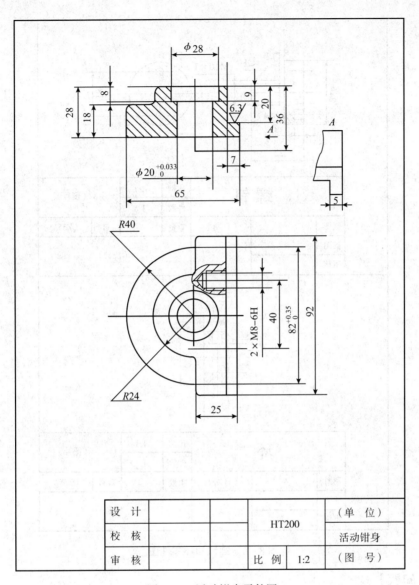

设 计			（单 位）
校 核		HT200	活动钳身
审 核		比 例	1:2	（图 号）

图 8-4 活动钳身零件图

（2）用"WBlock"命令将螺杆等主要零件的图形创建成写块。

（3）创建装配图的绘图环境，选择基础零件。

（4）用"Insert"命令调用上面定义的块插入装配图中正确位置。用复制的方法将准备好的待用图形复制到装配图文件中。

（5）修改插入零件图后的图形，符合装配图的要求。

（6）标注装配图序列号、填写标题栏和零件列表，标注必要的尺寸，填写技术要求，完成台钳的装配图绘制，并以"台钳.dwg"命名存盘。

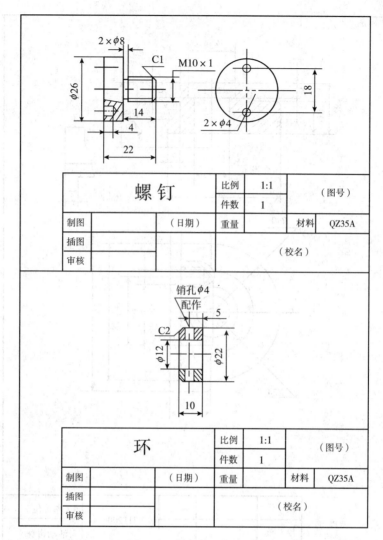

图 8-5　螺钉和环零件图

【思考问题】

（1）装配图和零件图有哪些区别？用于组装装配图的零件图需做哪些处理？

（2）如何去除多余或重复的线条？

参考答案

问题1：装配图和零件图虽然都是用来表达机器的，但其表达的内容各有侧重。零件图必须完整表达零件的内外形状结构、尺寸和加工技术要求，是加工制造零件及编制加工工艺的依据；装配图则是表达机器和部件的装配关系、工作原理、必要的尺寸和与装配有关的技术要求。装配图中包含多个零件的图形，对每一零件必须用零件序号按顺序标明，但仅标注一些必要的尺寸，而对每个零件的具体尺寸等不需一一标明。因此，用插入零件图的方法绘制装配图，就要先对零件图作必要的处理，去除多余的尺寸标注、表面粗糙度符号等。

问题2：在装配图文档中插入零件图时，经常会产生多余的线条和重复的线条，去除它们，可以用"修剪"命令剪去交叉的线段，用"打断"命令打断重复的线段，再用"删除"命令删除多余的"孤立"线段。

【操作步骤】

1. 制作装配图图样模板

装配图图样模板和零件图图样模板类似，这里仅将其主要内容作一说明：装配图模板的图形界限（图纸幅面）应较大，因其表达的内容相对较多，本任务用 A3 图幅；图层一般设置为细实线、粗实线、剖面线、中心线、双点画线、标注及文字层等，如表 8-1 所示；文字样式和尺寸标注样式与零件图模板基本相同，设置"序号"的字高比尺寸数字大两号。将模板命名为"A3 装配图—横向 . dwt"，保存为图形样板文件。

表 8-1　规划图层

图层名	用途	线型	线宽	颜色
0	创建块	Continuous	默认	默认
xsx	细实线	Continuous	默认	默认
lkx	粗实线	Continuous	0. 5	默认
dhx	中心线	Center 线性比例 0. 3	0. 25	红色
pmx	剖面线	Continuous	0. 25	紫色
xux	虚线	ACAD_ISO02W100	0. 25	默认
wz	输入文字	Continuous	默认	默认
bz	标注尺寸	Continuous	0. 09	蓝色
sun	双点画线	Phantom	0. 25	默认
fzx	辅助线	Continuous	0	绿色

2. 创建"写块"

将螺杆零件图的主视图适当处理后创建为"写块"，以便于插入装配图文档。

（1）双击打开如图 8-2 所示的螺杆的零件图，关闭标注尺寸层、删除表面粗糙度符号以及主视图以外的其他视图，仅保留主视图的图形。

（2）在螺杆上按 1:2 比例绘制垫圈（二）。使用偏移命令"O"和修剪命令"TR"，绘制宽度为"4"，外圆为 φ28，右侧倒角 C1 的垫圈。在剖面线层，输入"BH"命令，设置剖面线为"ANSI31"，将垫圈剖面填充上剖面线。输入直线命令"L"，设置对象捕捉为"交点"，或按住 Shift 键的同时，单击鼠标右键，选临时捕捉对象为"交点"，绘制辅助线，如图 8-6 所示。

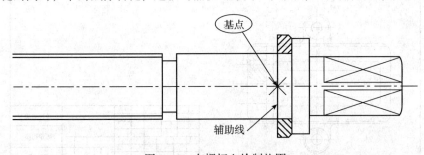

图 8-6　在螺杆上绘制垫圈

（3）输入写块命令"WBlock"，系统弹出写块对话框，在名称输入框中输入"螺杆和垫圈"，单击"拾取点"按钮，拾取辅助线与中心线的交点，即为基点，如图8-6所示。单击"选择对象"按钮，用窗口方式选中螺杆，按回车键，回到写块对话框，单击"确定"按钮。

3. 定义块

按1:2的比例重新绘制零件"环"和"螺钉"的主视图，分别用写块命令"WBlock"将它们定义成写块，如图8-7所示，图中的"×"表示"基点"。

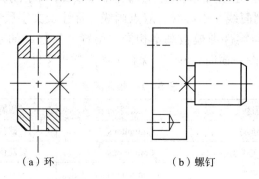

（a）环　　　　　　　　（b）螺钉

图8-7　重绘环和螺钉的主视图

4. 复制"固定钳座"到装配图图样模板中

（1）打开模板。启动 AutoCAD 2012，选择"AutoCAD 经典"工作空间，按"Ctrl＋N"组合键，选择"A3 装配图—横向.dwt"，单击"打开"按钮，然后采用"Zoom"→"All"命令，使图幅满屏。

（2）按"Ctrl＋O"组合键，在"打开"对话框中选择"固定钳座.dwt"，单击"打开"按钮，打开"固定钳座"零件图。框选全部视图，按"Ctrl＋C"组合键复制图形到剪贴板中。然后关闭"固定钳座"零件图。

（3）回到已打开的装配图模板中，按"Ctrl＋V"组合键，将"固定钳座"图形复制到模板中，在适当位置单击鼠标左键，确定放置位置。用"Zoom"→"All"命令放大图形。

（4）关闭尺寸线层，删除零件图中的其他标注项目，如图8-8所示。

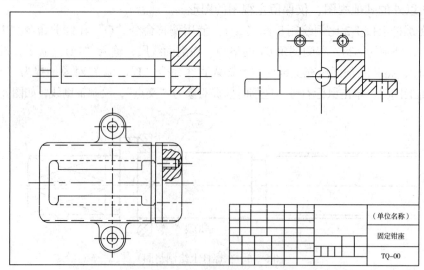

图8-8　在装配图模板插入固定钳座

5. 用插入法完成主视图

（1）从命令行输入插入块命令"Insert"，系统弹出"插入"对话框，在"插入"对话框中，选择要插入块的名称"螺杆和垫圈"。

（2）"插入点"选择"在屏幕上指定"，其余默认，单击"确定"按钮，这时在光标上就出现了"螺杆"的形状，并随光标移动。设置"对象捕捉"为"交点"，在屏幕工作区单击主视图右端装配孔中心点就插入了螺杆，如图 8－9 所示。用修剪、打断和删除命令去除多余或重复的线。

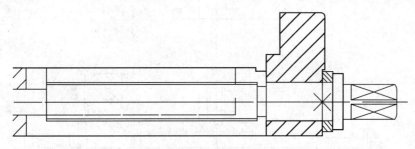

图 8－9   插入螺杆零件

（3）插入"螺母块"。按"Ctrl＋O"组合键，选择"螺母块"零件图，用删除命令将主视图的标注尺寸线、多余的剖面线等标注部分删除，删除多余的剖面线时，需先单击"分解"命令，再选中剖面线，将剖面线分解。框选修改后的主视图，按"Ctrl＋C"组合键，将"螺母块"的主视图复制到剪贴板，关闭"螺母块"零件图，在提示"是否保存对文件的修改"中选"否"，回到装配图文档中，按"Ctrl＋V"组合键，单击空白处，将"螺母块"主视图放到装配图中，输入移动命令"M"，选择"螺母块"上的基点，设置对象捕捉为"交点"，插入适当位置，如图 8－10 所示，图中的符号"×"表示插入点或基点。

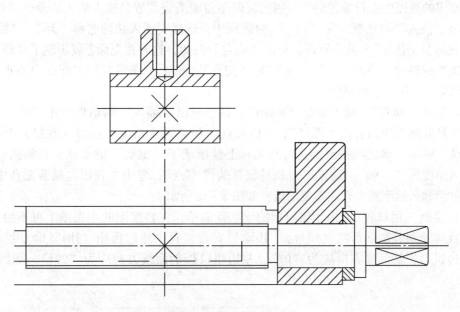

图 8－10   插入螺母块零件

（4）插入"活动钳身"。用同样的方法打开"活动钳身"零件图，去除尺寸标注和多余的剖面线，复制主视图到装配图文档，将其移动到适当位置，如图 8 – 11 所示。

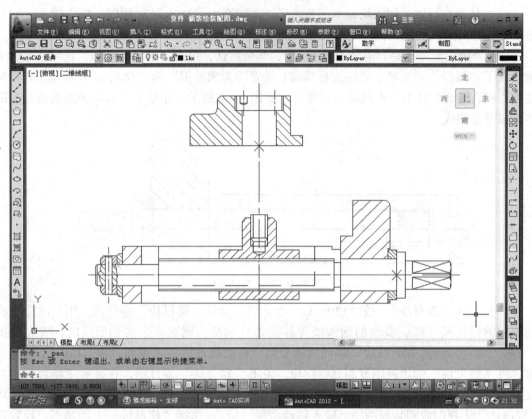

图 8 – 11 插入活动钳身

（5）插入"垫圈（一）"和"环"。按"Ctrl + O"组合键打开"垫圈（一）"的零件图，在相应的视图中进行处理后，复制到装配图左端适当位置。输入插入块命令"Insert"，系统弹出"插入"对话框，在"插入"对话框中，选择要插入块的名称"环"，"插入点"选择"在屏幕上指定"，其余默认。单击"确定"按钮，这时在光标上就出现了"环"的形状，并随光标移动。设置"对象捕捉"为"交点"，单击主视图左端装配孔中心点，插入环，如图 8 – 11 所示。绘制圆柱销。

（6）插入"螺钉"。输入命令"Insert"，系统弹出"插入"对话框，在"插入"对话框中，选择要插入块的名称"螺钉"，"插入点"和"插入角度"选择"在屏幕上指定"，其余默认。单击"确定"按钮，这时在光标上就出现了"螺钉"的形状，并随光标移动，输入插入角度为" – 90"，设置"对象捕捉"为"交点"，单击主视图左端装配孔中心点，插入螺钉。插入后删除多余或重复的线，如图 8 – 12 所示。

（7）绘制"钳口板"。由于钳口板的形状较简单，在装配图的主视图上可不绘制装配螺孔。直接绘制其断面形状（矩形），移动到安装位置，然后再用"BH"命令绘制剖面线，右边钳口板剖面线方向应为"0°"，左边钳口板剖面线方向应为"90°"，如图 8 – 12 所示。

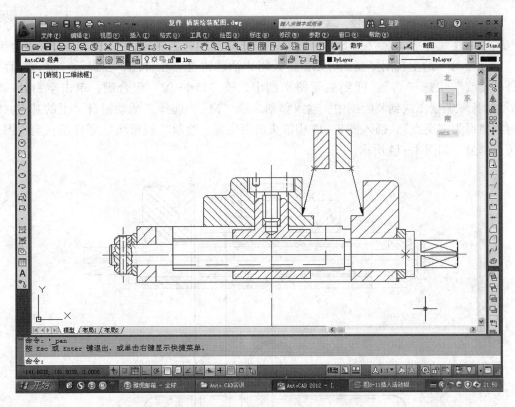

图 8 - 12　插入螺钉、绘制钳口板并安放到装配图中

6. 用插入法完成俯视图

（1）将主视图螺母块的中心线延长到俯视图上，与俯视图水平中心线相交。将主视图上的"螺杆"左右伸出部分复制到俯视图上，并做适当修改，如图 8 - 13 所示。

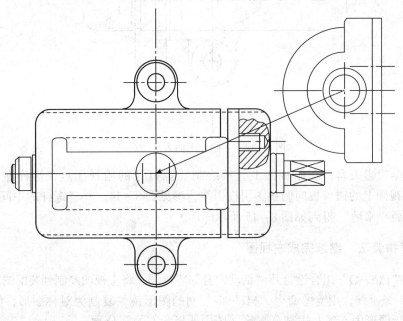

图 8 - 13　在俯视图插入螺杆

（2）按"Ctrl＋O"组合键，选择"活动钳身"零件图，将其打开。用"删除"命令将俯视图的标注尺寸线、螺纹孔等部分删除，框选修改后的俯视图，按"Ctrl＋C"组合键，将"活动钳身"的主视图复制到剪贴板，关闭"活动钳身"零件图，在提示"是否保存对文件的修改"中选"否"。回到装配图文档中，按"Ctrl＋V"组合键，单击空白处，将"活动钳身"俯视图放到装配图中，输入移动命令"M"，选择"活动钳身"上的基点，设置对象捕捉为"交点"，插入图 8 - 13 中箭头所指位置。绘制"螺母块"零件图在俯视图上的可见部分，如图 8 - 14 所示。

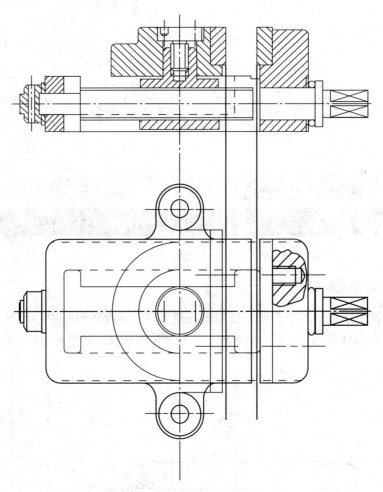

图 8 - 14　在俯视图插入活动钳身

（3）根据投影关系，在俯视图上直接绘制"螺钉"的俯视图。在螺杆左端直接绘制"环"。将主视图上的钳口板向俯视图引投影线，参见图 8 - 14。并将螺杆的中间部分复制到俯视图上，经"修剪"得到如图 8 - 15 所示图形。

7. 用"拼装法"继续完成左视图

（1）按"Ctrl＋O"组合键打开"活动钳身"零件图，将主视图复制到装配图左视图下面，在其右边画一条垂线，用镜像命令"MI"将复制的图形镜像复制为对称图形，如图 8 - 16 所示。将镜像后图形中心线左边部分删除（图中选择状态的部分）。

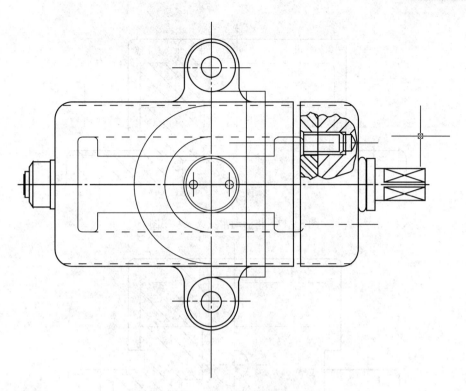

图 8 – 15　复制螺杆到俯视图中

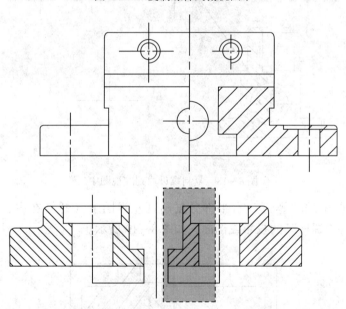

图 8 – 16　复制活动钳身到装配图中

将剩下的右边部分移动到装配图的左视图上，如图 8 – 17 所示。

（2）插入"螺母块"的俯视图。按"Ctrl＋O"组合键打开"螺母块"零件图，将螺母块左视图复制到装配图的左视图下面，输入"M"，选定"基点"，将它移动到装配图的左视图上，如图 8 – 18 所示。用"分解"命令将剖面线分解，一一选中螺纹部分多余的剖面线，将其删除。补画活动钳身的投影线。

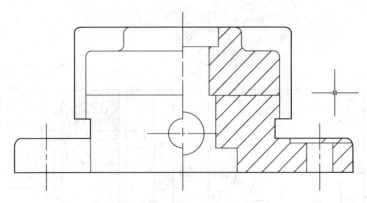

图8-17　将活动钳身放入左视图

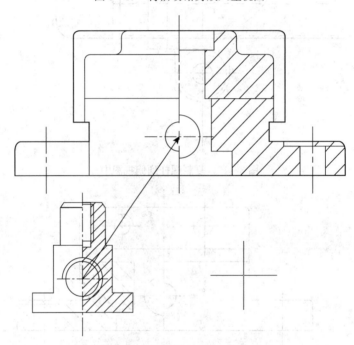

图8-18　复制螺母块到左视图中

（3）将主视图中的"螺钉"右半部分复制到左视图上（螺钉在主、左视图上投影相同），补画"环"、"螺杆"的投影或剖面，如图8-19所示。

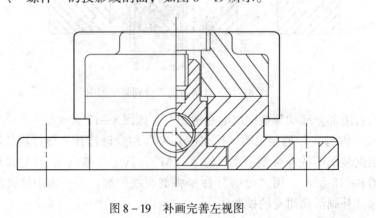

图8-19　补画完善左视图

（4）输入插入块命令"Insert"，系统弹出"插入"对话框，在"插入"对话框中，选择要插入块的名称"钳口板"。"插入点"选择"在屏幕上指定"，其余默认。单击"确定"按钮，这时在光标上就出现了"钳口板"的形状，并随光标移动。在适当位置单击插入（见图 8-1）。

（5）输入复制命令"复制"，选择主视图上"活动钳身"和左"钳口板"的外框线，打开"正交"模式，向左移动光标，输入"70"，将复制出的线型切换到"双点画线"层。

（6）检查拼装后各相邻零件剖面的剖切线方向，如有相同可进行修改。补绘左端环上的销。至此装配图的视图部分就完成了。

8. 标注序列号

按逆时针方向标注序列号。在主视图右上方"固定钳座"的剖面上，用圆命令"C"画一直径为 0.3 的小圆，用"BH"命令将小圆涂黑（选"其他预定义"中 SDLID），执行"标注"→"引线"命令，设置"引线箭头"为"无"，在"附着"中选中"在最后一行加下画线"前的"√"。捕捉"小圆"的"象限点"绘制引线，在引线上方输入序号"1"，字号设置为 10。复制小圆到"钳口板"的剖面上，绘制引线，标注序号"2"，如图 8-20 所示。用同样的方法标注其他序列号，直至完成 11 个序列号的标注。

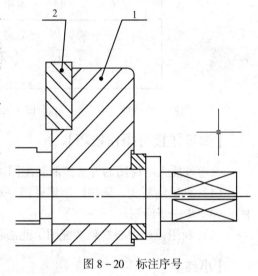

图 8-20　标注序号

NOTICE 注意

指引线相互不能相交，不能与剖面线平行，必要时可以将指引线画成折线，但只允许折弯一次。

9. 标注装配图尺寸

（1）执行"格式（O）"→"标注样式（D）"命令，在"标注样式管理器"中，将"文字"选项卡切换到"Standard"，标注线性尺寸：总长为 205，安装尺寸 116，高度尺寸 60 和 16，钳口板上的尺寸 40、80，配合宽度 82。

（2）执行"格式（O）"→"标注样式（D）"命令，在"标注样式管理器"中，将"直径"置为当前，标注直径及配合公差。先标注 $\phi12$，在其后用多行文字输入"H8/f7"，选中后，单击"文字格式"中的堆叠工具" $\frac{a}{b}$ "，使"H8/f7"变为 $\frac{H8}{f7}$ 。用引线标注 $\phi18$ $\frac{H8}{f7}$ ， $\phi20\frac{H8}{f7}$ 。在配合宽度 82 后加 $\frac{H8}{f7}$ 。

10. 绘制明细栏，输入技术要求

用"偏移"命令绘制明细表（也可执行"绘图（D）"→"表格…"绘制行高为"7"的表格），在明细栏中按由下至上的顺序填写各零件的序号、名称、数量、材料，标准件在

备注中填写标准代号。在图样空白位置填写技术要求，方法与零件图相同。

明细栏按 GB/T 10609.2—1989 规定绘制，如图 8-21 所示。

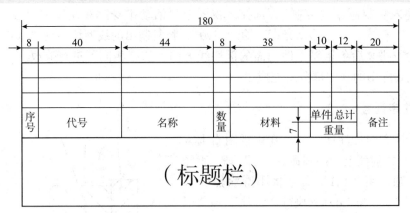

图 8-21 明细栏尺寸

【知识链接与操作技巧】

除通过插入零件图的方法绘制装配图外，还有其他绘制方法：

（1）直接绘制法。即像绘制零件图一样，利用二维绘图及编辑命令，按照装配图的画图步骤一步一步绘制。

（2）利用设计中心拼画装配图。此法将在本模块的拓展延伸部分介绍。

【小结】

采用插入块和复制零件图的方法绘制装配图，需要事先绘制好零件图，并将零件图做适当处理。

8.4 拓展延伸

拓展知识 1——AutoCAD 设计中心简介

AutoCAD 设计中心自 2000 版以来，经过了不断修改和完善。AutoCAD 2012 版设计中心已经是一个集管理、查看和重复利用图形的多功能高效工具。利用设计中心，用户不仅可以浏览、查找、管理 AutoCAD 图形等不同资源，而且只需要拖曳鼠标，就能轻松地将一张设计图纸中的图层、图块、文字样式、标注样式、线型、布局及图形等复制到当前图形文件中，充分实现资源共享，提高绘图效率。

1. 启动 AutoCAD 设计中心

执行"工具（T）"→"选项板"→"设计中心（D）"菜单命令，或单击"标准"工具栏的设计中心按钮，或输入命令"adcenter"（快捷键"Ctrl+2"），按回车键。第一次

启动设计中心，默认打开的选项卡为"文件夹"，右边是内容显示区，左边区域与资源管理器类似，为树形结构。

2. AutoCAD 设计中心窗口的组成

设计中心窗口如图 8 – 22 所示。

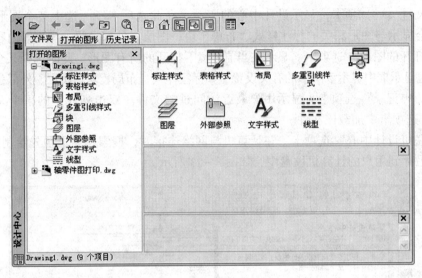

图 8 – 22 设计中心窗口

（1）树状视图框：树状视图框，用于显示系统内的所有资源。

（2）内容框：内容框又称控制板，当在树状视图框中选中某一项时，AutoCAD 会在内容框显示所选项的内容。

（3）工具栏。工具栏位于窗口上边，由"打开"、"后退"、"向前"、"上一级"、"搜索"、"收藏夹"、"树状视图框切换"、"预览"、"说明"、"视图"等按钮组成。

（4）选项卡。AutoCAD 设计中心有"文件夹"、"打开的图形"、"历史记录"、"联机设计中心"四个选项卡。

3. 使用 AutoCAD 设计中心

（1）打开图形文件。

①用右键菜单打开图形。在设计中心的内容框中用鼠标右键单击所选图形文件的图标，打开右键菜单，选择"在应用程序窗口中打开"，可将所选图形文件打开并设置为当前图形。

②用拖曳方式打开图形。在设计中心的内容框中，单击需要打开的图形文件的图标，并按住鼠标左键将其拖曳到主窗口中的除绘图框以外的任何地方（如工具栏区或命令区），松开鼠标左键后，AutoCAD 即打开该图形文件并设置为当前图形。

（2）复制图形文件。利用 AutoCAD 设计中心，可以方便地将某一图形中的图层、线型、文字样式、尺寸样式及图块通过鼠标拖曳添加到当前图形中。

复制图形文件方法是：在内容框或通过"查询"对话框找到对应内容，选中并用鼠标拖曳到当前打开图形的绘图区后松开按键，即可将所选内容复制到当前图形中。

如果所选内容为图块文件，拖动到指定位置松开鼠标后，即完成插入图块操作。

也可以使用复制粘贴的方法：在设计中心的内容框中，选择要复制的内容，再用鼠标右键单击所选内容，打开右键菜单，在右键菜单中选择"复制"选项，然后单击主窗口工具栏中"粘贴"按钮，所选内容就被复制到当前图中。

（3）在设计中心显示图形信息。在 AutoCAD 2012 设计中心中，通过选项卡和工具栏两种方式显示图形信息。

①"文件夹"选项卡：显示设计中心的资源。在此选项卡下，选中某个图形，在内容显示区就会显示与图形相关的标注样式、布局、块、图层、外部参照、线型等内容。

②"打开的图形"选项卡：显示在当前环境下打开的所有图形。此时选择某个文件，就可以在右边显示框中显示该图形的有关设置，如标注样式、布局、块、图层、外部参照等。

③"历史记录"选项卡：显示用户最近访问过的文件。双击列表中的某个文件，可在"文件夹"选项卡中加载该文件。

④"联机设计中心"选项卡：在计算机与网络连接时，搜索网路上预先绘制好的图形，并可将其另存到用户的计算机硬盘中，如图 8 - 23 所示。

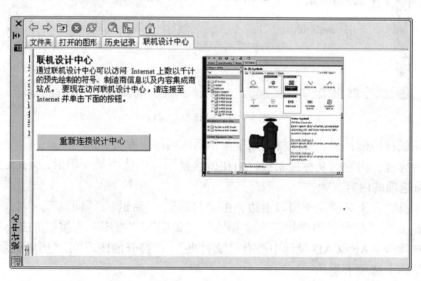

图 8 - 23　联机设计中心

拓展知识 2——用 AutoCAD 2012 设计中心绘制装配图

下面以本模块实训为例，说明如何用 AutoCAD 设计中心绘制装配图。

（1）将非 1∶2 比例的零件图改为 1∶2 绘制，定义零件图为"写块"。

（2）打开"AutoCAD 2007 设计中心"，在"文件夹"选项中选择"固定钳座. dwg"零件图，打开此文件，从中单击"块"，则在"内容显示窗口"中显示出固定钳座图块，在预览窗口中显示出该零件图。

（3）用鼠标左键将固定钳座图块拖放到绘图区中，在绘图区打开该图块。

（4）打开"对象捕捉"功能，设置"对象捕捉"为"交点"，依次将其他零件图块插入到绘图区适当位置，再删除多余或重复的线。

（5）标注装配图尺寸，填写技术要求和明细表。

习题 8

用 AutoCAD 绘制千斤顶的零件图，如图 8-24（a）、（b）、（c）、（d）、（e）所示。将零件图分别做成"写块"，拼画千斤顶的装配图，如图 8-24（f）所示。以"SX8-002"命名存盘。

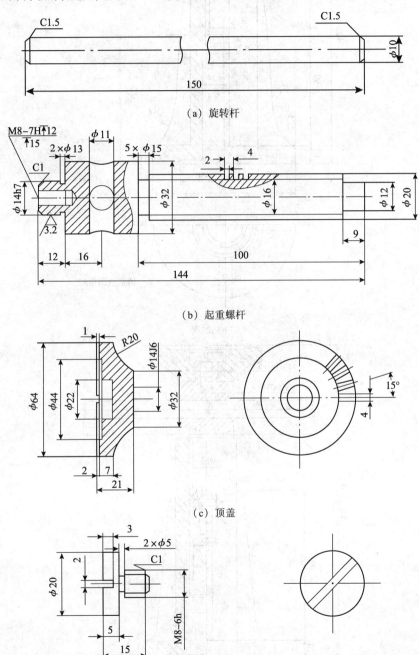

（a）旋转杆

（b）起重螺杆

（c）顶盖

（d）螺钉

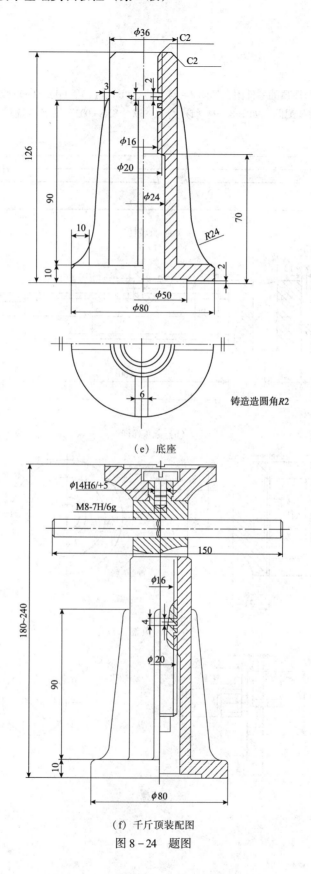

（e）底座

铸造造圆角R2

（f）千斤顶装配图

图 8-24　题图

模块 9

绘制轴测图

9.1 项目分析

【项目结构】

本模块主要训练绘制零件的轴测图。

【项目作用】

通过本模块练习，进一步掌握轴测图的概念，了解 AutoCAD 绘制轴测图的基本方法，培养空间想象力。

【项目指标】

（1）掌握 AutoCAD 软件轴测图绘制环境的设置：轴测捕捉模式的设置，轴测标注样式的设置等。

（2）掌握正等轴测圆的绘制和复制。掌握简单零件轴测图的绘制。

（3）了解轴测图的修剪。

（4）了解线性标注、对齐标注、基线标注和倾斜标注的应用。

9.2 相关基础知识

1. 轴测图的形成

将空间物体连同确定其位置的直角坐标系，沿不平行于任一坐标平面的方向，用平行投影法投射在某一选定的单一投影面上所得到的具有立体感的图形，称为轴测投影图，简称轴测图，如图 9-1 所示。

2. 轴测图的种类

按照投影方向与轴测投影面的夹角的不同，轴测图可以分为：

（1）正轴测图——轴测投影方向（投影线）与轴测投影面垂直时投影所得到的轴测图。

（2）斜轴测图——轴测投影方向（投影线）与轴测投影面倾斜时投影所得到的轴测图。

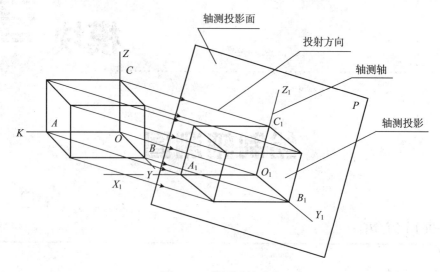

图 9-1　轴测图的形成

3. 轴测图的基本性质

（1）物体上互相平行的线段，在轴测图中仍互相平行；物体上平行于坐标轴的线段，在轴测图中仍平行于相应的轴测轴，且同一轴向所有线段的轴向伸缩系数相同。

（2）物体上不平行于坐标轴的线段，可以用坐标法确定其两个端点然后连线画出。

（3）物体上不平行于轴测投影面的平面图形，在轴测图中变成原形的类似形。如长方形的轴测投影为平行四边形，圆形的轴测投影为椭圆等。

4. 正等测图的形成及参数

（1）形成方法。如果使三条坐标轴 OX、OY、OZ 对轴测投影面处于倾角都相等的位置，把物体向轴测投影面投影，这样所得到的轴测投影就是正等测图，如图 9-2（a）所示。

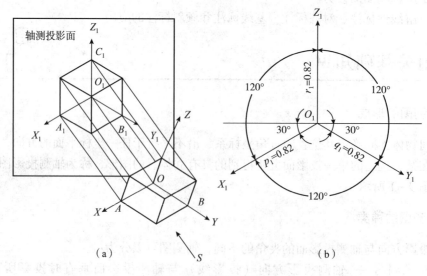

（a）　　　　　　　　　　（b）

图 9-2　正等测图的形成

（2）参数。图 9 - 2（b）表示了正等测图的轴测轴、轴间角和轴向伸缩系数等参数及画法。从图中可以看出，正等测图的轴间角均为 120°，且三个轴向伸缩系数相等。经推证并计算可知 $p_1 = q_1 = r_1 = 0.82$。为作图简便，实际画正等测图时采用 $p_1 = q_1 = r_1 = 1$ 的简化伸缩系数画图，即沿各轴向的所有尺寸都按物体的实际长度画图。但按简化伸缩系数画出的图形比实际物体放大了 $1/0.82 \approx 1.22$ 倍。

5. 平面立体的表示

（1）长方体。根据长方体的特点，选择其中一个角顶点作为空间直角坐标系原点，并以过该角顶点的三条棱线为坐标轴。先画出轴测轴，然后用各顶点的坐标分别定出长方体的八个顶点的轴测投影，依次连接各顶点即可，如图 9 - 3 所示。

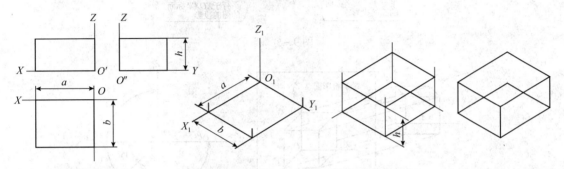

图 9 - 3　长方体的正等测图

（2）正六棱柱体。由于正六棱柱前后、左右对称，为了减少不必要的作图线，从顶面开始作图比较方便。故选择顶面的中点作为空间直角坐标系原点，棱柱的轴线作为 OZ 轴，顶面的两条对称线作为 OX、OY 轴。然后用各顶点的坐标分别定出正六棱柱的各个顶点的轴测投影，依次连接各顶点即可，如图 9 - 4 所示。

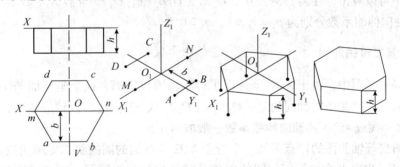

图 9 - 4　正六棱柱体的正等测图

（3）圆。平行于坐标面的圆的正等测图都是椭圆，如图 9 - 5 所示为三种不同位置的圆的正等测图。

6. 斜二测图的形成及参数

（1）斜二测图的形成。如果使物体的 XOZ 坐标面对轴测投影面处于平行的位置，采用平行斜投影法也能得到具有立体感的轴测图，这样所得到的轴测投影就是斜二等测轴测图，简称斜二测图，如图 9 - 6（a）所示。

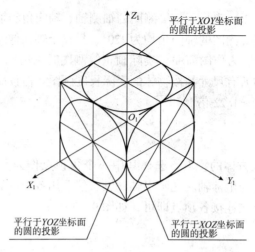

图 9-5　圆

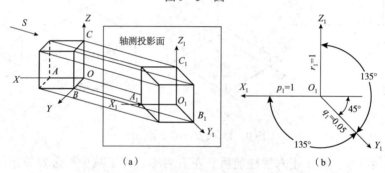

（a）　　　　　　　　　　　　　（b）

图 9-6　斜二测图的形成

（2）参数。图 9-6（b）表示斜二等轴测图的轴测轴、轴间角和轴向伸缩系数等参数及画法。从图中可以看出，在斜二测图中，$O_1X_1 \perp O_1Z_1$ 轴，O_1Y_1 与 O_1X_1、O_1Z_1 的夹角均为 $135°$，三个轴向伸缩系数分别为 $p_1 = r_1 = 1$，$q_1 = 0.5$。

7. 绘制斜二等轴测图

在斜二等轴测图中，由于 XOZ 坐标面平行于轴测投影面，这个坐标面的轴测投影反映实形，因此斜二等轴测图的轴间角是：O_1X_1 与 O_1Z_1 成 $90°$，这两根轴的轴向伸缩系数都是 1；O_1Y_1 与水平线成 $45°$，其轴向伸缩系数一般取为 0.5。

由上述斜二等轴测图的特点可知：平行于 XOZ 坐标面的圆的斜二等轴测投影反映实形。而平行于 XOY，YOZ 两个坐标面的圆的斜二等轴测投影则为椭圆，这些椭圆的短轴不与相应轴测轴平行，且作图较繁琐。因此，斜二等轴测图一般用来表达只在互相平行的平面内有圆或圆弧的立体，这时总是把这些平面选为平行于 XOZ 坐标面。

9.3　任务 1——绘制轴套的轴测图

【任务要求】

（1）启动 AutoCAD，选择 "acadiso.dwt" 样板。

(2) 打开轴测投影模式，规划粗实线层和标注图层。

(3) 绘制如图 9-7 所示的轴套轴测图，并标注尺寸。

(4) 以"SX9-001. dwg"命名，存盘。

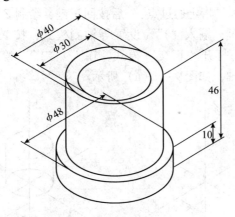

图 9-7 轴套轴测图

【思考问题】

(1) 轴测图属于平面图还是立体图？

(2) AutoCAD 软件绘制轴测图的步骤有哪些？

参考答案

问题 1：轴测图属于二维平面图形，是在平面上绘制的具有一定立体感的图形。其表达方式类似美术中的透视图，但轴测图没有"消失点"。基本视图的任何一个视图都不能同时反映物体的长、宽、高三个方向的尺度及形状，缺乏立体感，而轴测图弥补了基本视图的这一不足，因此在产品说明书中常用轴测图表示产品的外观形状，在工程中，有时也用轴测图作为帮助看图的辅助图样。

问题 2：AutoCAD 软件绘制轴测图的一般程序为：新建文件→配置绘图环境→绘制轮廓→标注尺寸。

【操作步骤】

1. 配置绘图环境

(1) 选择样板。启动 AutoCAD 2012，在经典界面新建文件，在弹出的"选择样板"对话框中选择"acadiso. dwt"样板，执行"文件（F）"→"另存为（A）"命令，在文件名栏命名为"轴套轴测图"，单击"保存"按钮。

(2) 规划图层。新建粗实线层，将线宽设置为 0.3，其余为默认设置；再新建文字标注层，线宽设置为 0.09，颜色为蓝色，其余为默认设置。

(3) 设置等轴测捕捉模式。用鼠标右键单击"捕捉"按钮，单击弹出的"设置"按钮，在弹出的"草图设置"中勾选"等轴测捕捉"。这时光标变为 *XOZ* 平面光标。

(4) 设置文字和标注样式。执行"格式（O）"→"文字样式（S）"命令，单击"新建"按钮，输入"轴测标注 1"，在倾斜角度中输入"-30"；执行"格式（O）"→"标注样式（D）"按钮，单击"新建"按钮，在"新样式名"后输入"轴测标注 1"，单击"继续"按钮，将文字样式选为"轴测标注 1"。

（5）绘制轴测轴。在标注层，输入构造线命令"XL"，按回车键，在命令提示"_ xline 指定点或 [水平（<u>H</u>）/垂直（<u>V</u>）/角度（<u>a</u>）/二等分（<u>b</u>）/偏移（<u>O</u>）:]"后输入"V"，在适当位置单击鼠标，在命令提示"指定通过点:"后按回车键，绘制 Z 轴，输入"SNAP"，按回车键，输入"S"，按回车键，输入"I"，设置等轴测模式，按 F5 键或组合键"Ctrl + E"，切换到"等轴测模式上"，打开"正交"模式，输入"XL"，绘制 X 轴。按 F5 键切换到"等轴测模式右"，绘制 Y 轴，如图 9 - 8（a）所示。

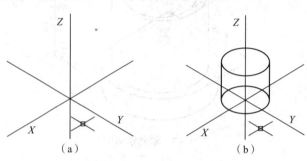

图 9 - 8　绘制轮廓

2. 绘制轮廓图

（1）按照最大外圆绘制"整体"。将粗实线层置为当前图层，按 F5 键将绘图模式切换为"等轴测平面上"（命令提示行），在命令行输入"EL"，或单击椭圆工具图标，输入"I"，选择等轴测圆，在轴测轴原点单击输入圆心，再输入半径 24（最大外圆的半径），单击"确定"按钮。在命令行输入"CO"，或单击"复制"按钮，选中刚画的圆，按 F10 键打开极轴，在圆的旁边任意处单击一点，垂直向下移动光标，输入 46。输入"L"或单击"直线"按钮，设置对象捕捉为"象限点"，或按住 Shift 键的同时单击鼠标右键，调出"对象捕捉"工具栏，单击"象限点"图标，捕捉轴测圆左右象限点，连接成轮廓直线，如图 9 - 8（b）所示。

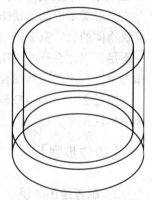

图 9 - 9　绘制 φ40 圆柱表面

（2）输入"EL"，输入"I"，选择等轴测圆，捕捉上轴测圆圆心，再输入半径 20，用（1）的方法复制上边的两轴测圆至下方，距离向下 36，连接两侧的象限点为直线，关闭轴测轴所在层，如图 9 - 9 所示。

（3）切割出外表面。输入"TR"，选择边界，修剪切割掉多余的线。再将独立的多余线删除，即得轴套的外表面，如图 9 - 10 所示。

（4）绘制内孔。输入"EL"，输入"I"，选择等轴测圆，捕捉上轴测圆圆心，再输入半径 15。选中此圆，输入"M"，或单击"移动"工具，单击旁边任意点作为基点，垂直向下移动光标，输入 2，使内孔更符合透视规律，如图 9 - 11 所示。

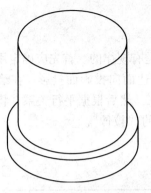

图 9 – 10　用修剪命令切割操作

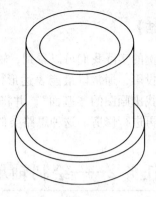

图 9 – 11　绘制内孔

3. 标注尺寸

（1）标注高度方向的尺寸。执行"格式（<u>O</u>）"→"标注样式（<u>D</u>）"命令，选择"轴测标注 1"，并将其置为当前。执行"标注（<u>N</u>）"→"线性（<u>L</u>）"命令，以底面为基准，标注台阶高 10。执行"标注（<u>N</u>）"→"基线（<u>B</u>）"命令，标注总高度 46。执行"标注（<u>N</u>）"→"倾斜（<u>I</u>）"命令，选中尺寸线，单击鼠标右键确定，输入"– 30°"。

（2）标注径向尺寸。先画辅助线，输入直线命令"L"，打开"正交"横式，捕捉"圆心"，在需标注尺寸的轴测圆上绘制辅助线，为得到直线和圆的交点，还需再画一半径为 24 的轴测圆，如图 9 – 12 所示。执行"标注（<u>N</u>）"→"对齐（<u>G</u>）"命令，选辅助线与轴测圆的交点标注直径。如果直径标注的数字前没有 φ，可执行"修改（<u>M</u>）"→"对象（<u>O</u>）"→"文字（<u>T</u>）"→"编辑（<u>E</u>）"命令，单击"文字格式"工具条中的"@"，选"％％C"。最后不要忘记删除辅助线。

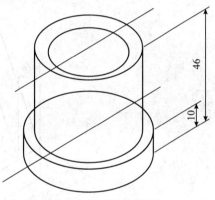

图 9 – 12　绘制辅助线

【知识链接与操作技巧】

绘制正等测轴测图，需要建立等轴测模式的直角坐标系。三种不同等轴测模式下分别对应三种等轴测光标样式，如表 9 – 1 所示。

表 9 – 1　等轴测模式与等轴测光标样式

等轴测模式	等轴测模式上	等轴测模式右	等轴测模式左
等轴测光标名称	*XOY* 平面光标	*XOZ* 平面光标	*YOZ* 平面光标
等轴测光标样式			
图例			
切换方法	按键盘上的 F5 键		

【小结】

从本例的实践我们可以看到，轴测图的绘制其实也是有规律的。首先应确定用哪个面向什么方向投影，通常以最能表达形体特征的表面作为表达面向投影面投影。在绘制的一开始，就要找出画图的"基面"，并将这个面准确绘制出来，然后根据平行关系，将基面复制若干次，再进行修剪。这种思路类似于"三维建模"中的"拉伸"。

9.4 任务 2——绘制轴承座的轴测图

【任务要求】

（1）启动 AutoCAD 2012，选择经典界面，选择 "acadiso. dwt" 样板。

（2）打开轴测投影模式，规划细实线层和标注图层。

（3）绘制如图 9-13 所示的轴承座轴测图，并标注尺寸。

（4）以 "SX9-002. dwg" 命名，存盘。

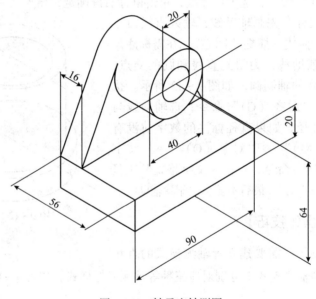

图 9-13 轴承座轴测图

【思考问题】

（1）既然轴测图也能表达零件的形状和大小，为什么机械图样不用轴测图？

（2）轴测图有哪些应用？

参考答案

问题 1：轴测图虽然也能表达零件的形状和大小，但其测量性较差，标注尺寸不方便，对复杂零件尤其内部结构复杂的零件难以表达清楚，因此，实际图样一般不用轴测图，而用机械制图国家标准规定的基本视图、向视图、剖视图、局部视图等来表达零件结构和加工要求。

问题 2：轴测图具有较强的立体感，常用于产品说明书中，用来向顾客传达产品主要结构、总体尺寸、特点等信息，有时还用于装配零件时的参考图等。

【操作步骤】

1. 配置绘图环境

（1）选择样板。启动 AutoCAD 2012，选择 AutoCAD 经典界面，按"Ctrl + N"组合键新建文件，在弹出的"选择样板"对话框中选"acadiso. dwt"样板，执行"文件（F）"→"另存为（A）"命令，在文件名栏命名为"轴承座轴测图"，单击"保存"按钮。

（2）规划图层。新建轮廓线层，将线宽设置为 0. 3，其余为默认设置；再新建文字标注层，线宽设置为 0. 15，颜色为蓝色，其余为默认设置。

（3）设置等轴测捕捉模式。单击"捕捉"按钮，单击弹出的"设置"，在弹出的"草图设置"中复选"等轴测捕捉"，单击"确定"按钮，这时光标变为 XOZ 平面光标。打开"正交"模式、"对象捕捉"模式和"对象追踪"模式，关闭"极轴"模式。

（4）设置文字和标注样式。执行"格式（O）"→"文字样式（S）"命令，单击"新建"按钮，输入"轴测标注 1"，单击"确定"按钮，取消"使用大字"，字体选择"仿宋 GB2312"，高度设置为 3，倾斜角度设置为 30°，单击"应用"按钮。用同样的方法新建"轴测标注 2"，倾斜角度设为 - 30°，单击"应用"按钮。单击"关闭"按钮，在出现保存对话框时，单击"保存"按钮。执行"格式（O）"→"标注样式（D）"命令，单击"新建"按钮，在"新样式名"后输入"轴测标注 1"，单击"继续"按钮，在出现的新建标注样式对话框中，单击文字选项卡，将文字样式选为"轴测标注 1"，单击"确定"按钮，再单击"关闭"按钮。用同样的方法新建"轴测标注 2"，选择文字样式为"轴测标注 2"，选择文字样式为"轴测标注 2"，单击"确定"按钮，再单击"关闭"按钮。

（5）绘制轴测轴。在标注层输入"xl"，按回车键，输入"V"，按回车键，在适当位置单击鼠标，绘制 Z 轴。输入"snap"，按回车键，输入"S"，按回车键，输入"I"，按回车键，将捕捉样式设置为"正等测"模式，按 F5 键，切换到"等轴测平面右"方式，输入"xl"，绘制 X 轴，按 F5 键，切换到"等轴测平面左"方式，绘制 Y 轴，如图 9 - 14 所示。

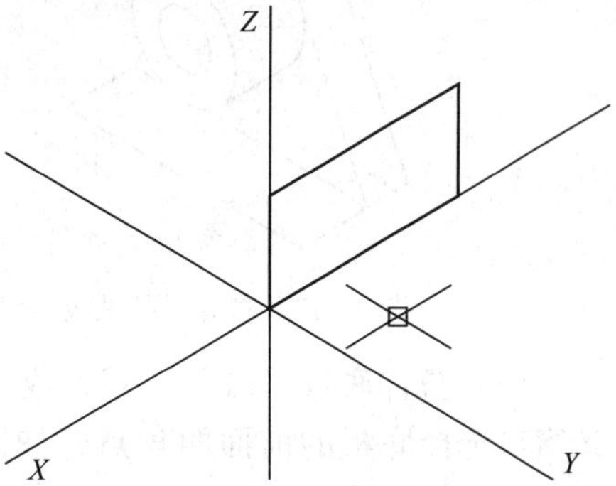

图 9 - 14　绘制轴测轴和辅助矩形

2. 绘制轮廓图

（1）绘制辅助矩形。单击图层面板，将轮廓线层置为当前图层，打开"正交"模式，输入直线命令"L"，按两次 F5 键，将绘图模式切换为"等轴测平面右"（在命令提示行出现），单击工作区适当一点，光标垂直向上移动，输入长度"44"，按回车键确定，向右斜方向移动，输入"90"，按回车键确定，接着垂直向下移动，输入"44"，按回车键确定，再输入"C"，按回车键，绘制一矩形，参见图 9 - 14。

（2）在命令行输入"EL"，输入"I"，选择等轴测圆，同时按住 Shift 键和鼠标右键，选"中点"，在上边一条线的中点输入圆心，再输入半径 20（最大外圆），按回车键确定。用同样的方法在圆心绘制半径为 10 的圆。输入"L"，分别单击左下角点和右下角点，同时按住 Shift 键和鼠标右键，选"切点"，关闭"正交"模式，作左右两切线，如图 9 – 15 所示。

（3）删除多余的线，在命令行输入"CO"，或单击"复制"按钮，选中刚画好的面，按 F5 键切换到"正等测平面左"，在面的旁边任意单击一点，向左后方向移动光标，输入"42"。输入"L"或单击"直线"按钮，设置对象捕捉为"象限点"，或按住 Shift 键的同时单击鼠标右键，调出"对象捕捉"工具栏，单击"象限点"图标，捕捉轴测圆左右象限点，连接成轮廓直线，再用直线命令连接下面的可见轮廓线，如图 9 – 16 所示。

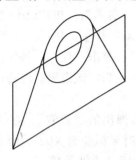

图 9 – 15　绘制 XOZ 上的平面

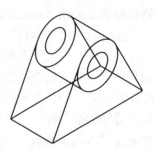

图 9 – 16　复制平面图形

（4）将前面上的两斜线向左后方移动 26，或将后面的斜线向前复制 16。方法是输入"M"，选中欲移动的线，输入数字。连接移动后的两下端点，向后复制前面大圆，距离向后 26。删除或修剪掉不可见的线，如图 9 – 17 所示。

（5）将底面的两条线垂直向下复制 20。方法是输入"CO"，选择要复制的两条线，单击任一基点，输入 20，按两次回车键。连接角点绘制底板轮廓线，如图 9 – 18 所示。

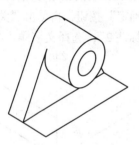

图 9 – 17　修剪不可见线

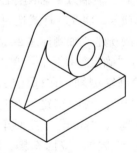

图 9 – 18　绘制底板

（6）拉伸底板。输入"S"，或单击"拉伸"按钮，分别用交叉窗口选择底板的前面两角点，如图 9 – 19 所示。打开"正交"模式，向前移动光标，输入 14，按回车键，轴承座轴测图的轮廓线就绘制好了。

3. 标注尺寸

（1）执行"格式（O）"→"标注样式（D）"命令，在"样式"列表内选择"轴测标注 1"，单击"置为当前"标签，单击"关闭"按钮，执行"标注（N）"→"对齐（G）"命令，标注底

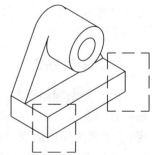

图 9 – 19　拉伸底板

板宽度 56，这时标注线与底板平面不在同一平面，执行"标注（N）"→"倾斜（Q）"命令，输入 30°，按回车键，如图 9 – 20 所示。用同样方法标注底板高度 20，倾斜 30°，标注底板长度 90。

（2）执行"标注（<u>N</u>）"→"对齐（<u>G</u>）"命令，标注中心线的高度（可绘制辅助线），将此标注线倾斜 –30°。打开"正交"模式，输入"L"，单击圆心绘制直径辅助线。以此辅助线与圆的交点为端点，执行"标注（<u>N</u>）"→"对齐（<u>G</u>）"命令，标注直径 $\phi40$ 和 $\phi20$，分别倾斜 90°，直径符号"ϕ"可在"文字格式"中修改，如图 9 – 21 所示。执行"修改（<u>M</u>）"→"对象（<u>O</u>）"→"文字（<u>T</u>）"→"编辑（<u>E</u>）"命令，可调出文字格式。标注直径后删除辅助线。执行"格式（<u>O</u>）"→"标注样式（<u>D</u>）"命令，选择"标注样式2"，将其置为当前，标注侧板的宽度 16，并将其倾斜 90°，得到图 9 – 13 完整的轴测图。

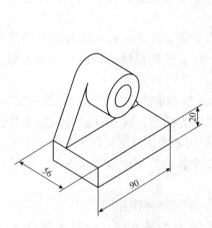

图 9 – 20　标注底板尺寸

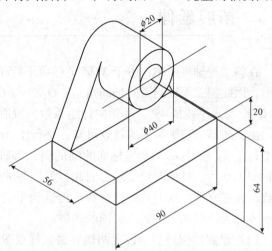

图 9 – 21　绘辅助线，标注尺寸

【知识链接与操作技巧】

1. AutoCAD 图形的保存格式

如前所述，AutoCAD 图形的保存格式为 .dwg，也可导出为 .bmp 及 .wmf 或 .eps、.dxf、.3ds，还可将文件存为 JPG 格式。

2. AutoCAD 图形应用于其他应用软件

我们在工作中有时需要将 AutoCAD 中的图形插入其他软件中，例如，撰写论文，编写产品使用说明书，编写教案，投稿等。以 AutoCAD 中的图形插入 Word 为例，可将图形保存为 bmp、JPG 等格式，在 Word 中执行"插入"→"图片"→"来自文件"命令进行插入，也可在 AutoCAD 中选中要复制的图形，按组合键"Ctrl + C"，再切换到 Word 中，将光标单击插入点，按组合键"Ctrl + V"。将图形插入 Word 文档时，如果图形边缘空白处较多，就要在 Word 的"图片"工具栏中用"裁剪"工具进行裁剪。如果没有出现"图片"工具栏，可在 Word 中执行"视图"→"工具栏"→"绘图"命令，将绘图工具显示出来。如果发现插入图片中的圆变成了正多边形，这时用一下 Viewres 命令，将图形设得大一些，可提高图形质量。另外，插入的图形如果没有显示出在 AutoCAD 中设置好的线宽，这时双击插入后的图形，回到 AutoCAD 中，单击状态栏上的"线宽"，关闭 AutoCAD 时，在出现的提示"关闭对象前是否更新 Microsoft Word？"时，单击"是"按钮即可。

【小结】

从本例的实践我们可以看到，轴测图的实质仍为二维平面图形，只是通过"轴测轴"将二维图形赋予立体感。本例开始所确立的"基面"并非物体上的真实表面，而是经过分析，采用假想将侧面放大到与圆柱体一样大时的平面。当然本例的绘制也可用后面的方法，完成一个轴测图的绘制方法也具有多样性。

9.5 拓展延伸

在斜二等轴测图中，由于 XOZ 坐标面平行于轴测投影面，这个坐标面的轴测投影反映实形，因此斜二等轴测图的轴间角是：O_1X_1 与 O_1Z_1 成 90°，这两根轴的轴向伸缩系数都是 1；O_1Y_1 与水平线成 45°，其轴向伸缩系数一般取为 0.5。

由上述斜二等轴测图的特点可知：平行于 XOZ 坐标面的圆的斜二等轴测投影反映实形。而平行于 XOY，YOZ 两个坐标面的圆的斜二等轴测投影则为椭圆，这些椭圆的短轴不与相应轴测轴平行，且作图较烦琐。因此，斜二等轴测图一般用来表达只在互相平行的平面内有圆或圆弧的立体，这时总是把这些平面选为平行于 XOZ 坐标面。下面以如图 9-22 所示的底座零件为例说明绘制斜二测图的步骤。

（1）设置绘图环境。设置图幅界面，规划图层，与正等测轴测图相同。

（2）绘制轴测轴。绘制 Z 轴为垂直方向，绘制 X 轴为水平方向，绘制 Y 轴与 X 轴成 -45°角（输入构造线命令，在"指定通过点："后输入"@100<135°"），如图 9-23 所示。

（3）以坐标系的原点为圆心，绘制 $\phi90$ 和 $\phi60$ 同心圆。将 X 轴上、下分别偏移"80"，将偏移后的线切换到中心线层。以此偏移后的线与 Z 轴的交点为圆心，绘制两个 $\phi20$ 小圆（孔），以小圆圆心为圆心绘制 $\phi40$ 圆。设置对象捕捉为"切点"，绘制 $\phi40$ 圆与 $\phi90$ 圆的公切线，如图 9-23 所示。

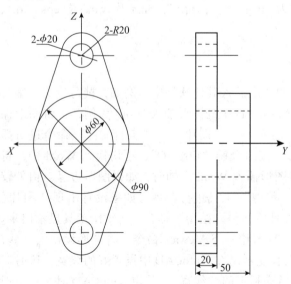

图 9-22　底座零件图

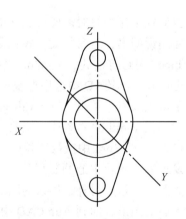

图 9-23　绘制斜二等轴测轴和表面

（4）用复制命令向左后方复制 $\phi90$ 和 $\phi60$ 两圆（输入"CO"，单击选择基点，输入"@30＜135"）。设置对象捕捉为"切点"，绘制复制前后的 $\phi90$ 圆的公切线，并修剪掉多余的线，如图 9-24 所示。

（5）向左后方移动底板部分，再向左后方复制底板部分，修剪掉多余的圆和线。

（6）绘制底板圆弧连接处的切线，修剪掉多余的圆弧线。关闭除轮廓线以外的线层，如图 9-25 所示。

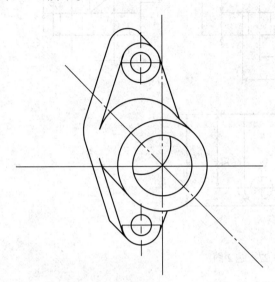

图 9-24　复制出 Y 方向的厚度

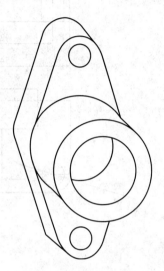

图 9-25　底座斜二等轴测图

习题 9

1. 根据如图 9-26 所示立体图中的尺寸，绘制正等测图。

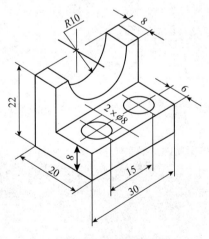

图 9-26　题 1 图

2. 根据如图 9-27 所示三视图中的尺寸，绘制正等测图。

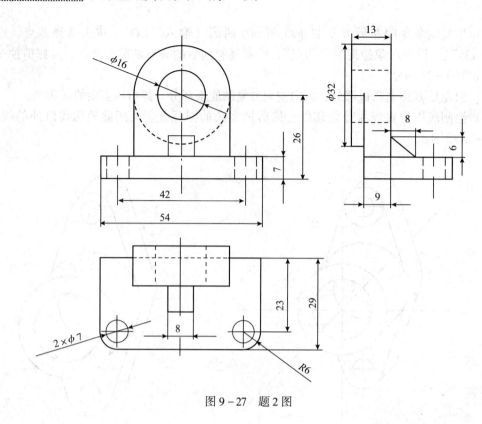

图 9 – 27　题 2 图

模块 **10**

三维实体造型

10.1　项目分析

【项目结构】

本模块主要训练创建典型零件的三维模型。在 AutoCAD 2012 的三维绘图环境中用建模和实体编辑工具创建基本几何体、用拉伸法创建支架的三维模型、用旋转法绘制回转体的三维模型等任务。

【项目作用】

本模块主要通过创建典型零件的三维模型，了解三维坐标系和三维建模的基本方法。通过本模块练习，初步掌握三维实体图的创建工作，进一步培养空间思维能力。初步掌握相关三维功能区和基本绘图工具及编辑工具的使用。

【项目指标】

（1）熟悉 AutoCAD 2012 软件三维绘图环境和三维直角坐标系。了解在"Auto CAD 经典"工作空间中配置三维工具栏的方法。

（2）初步掌握用建模工具和实体编辑工具创建基本几何体的一般方法。

（3）初步掌握拉伸法和旋转法使用。

（4）进一步熟练掌握常用绘图命令和编辑命令的操作方法。

（5）了解三维模型的类型及其转换。

10.2　相关基础知识

1. 三维坐标系统

AutoCAD 采用世界坐标系和用户坐标系。世界坐标系简称 WCS，用户坐标系简称 UCS。在屏幕上绘图区的左下角有一个反映当前坐标系的图标，图标中 X、Y 的箭头表示当前坐标系 X 轴、Y 轴的正方向，系统默认当前 UCS 坐标系为 WCS，否则为 UCS。

（1）世界坐标系。世界坐标系（英文为World Coordinate System，简称WCS）是一种固定的坐标系，即原点和各坐标轴的方向固定不变。三维坐标与二维坐标基本相同，只不过是多了Z轴。在三维空间绘图时，需要指定X、Y和Z的三个坐标值才能确定点的位置。当用户以世界坐标的形式输入一个点时，可以采用直角坐标、柱面坐标和球面坐标的方式来实现。

（2）用户坐标系。用户坐标系（User Coordinate System，简称UCS）是AutoCAD绘制三维图形的重要工具。由于世界坐标系（WCS）是一个单一固定的坐标系，绘制二维图形虽完全可以满足要求，但对于绘制三维图形时，则会感觉不便。为此AutoCAD允许用户建立自己的坐标系，即用户坐标系。创建三维用户坐标系：可执行菜单命令"工具（T）"→"新建UCS（W）"，执行结果可以在子菜单中选择。若当前为"UCS"坐标系，要想恢复为"WCS"坐标系，其方法有：

①从"工具"菜单中选择"命名UCS"，打开"UCS"对话框。在"命名UCS"选项卡中，选择"世界"选项，再单击"置为当前"按钮可以将当前坐标系恢复为世界坐标系（WCS）。

②从"工具"菜单中选择"新建UCS"子菜单。然后在子菜单中选择"世界"选项，"UCS"坐标系即恢复为世界坐标系（WCS）。

2. 三维模型的类型

三维造型可以分为线型模型、表面模型以及实体模型三种。

线型模型用来描述三维对象的轮廓，它没有表面，主要由点、直线、曲线等组成。它不能进行渲染等处理。

表面模型用来描述面的形状。表面模型不仅可以显示出面的轮廓，而且可以显示出面的真实形状。它可以进行计算以及渲染、着色等处理。

实体模型既具有线和面的特征，又具有实体的特征，它由一系列表面围成。它具有体积、重心等。只有三维实体模型才可以转化为二维视图和轴测图。

3. 将三维图形改变观察方位的方法

在"视觉样式控制台"中，单击"动态观察"按钮右下脚的小三角，选择"自由动态观察"，在三维图形周围就出现动态观察器，鼠标变成动态模式，拖动鼠标可以变化三维图形的视角效果。另外，输入"view"，系统弹出"视图管理器"，展开"预设视图"，出现各种视图和轴测图选项，选择后单击"置为当前"按钮，单击"应用"按钮即可看到变化的结果，如果满意，单击"确定"按钮即可。

10.3 任务1——用"差集"绘制带孔长方体

【任务要求】

（1）启动AutoCAD 2012，进入"三维建模"工作空间。了解界面上方的13个选项卡及其对应的面板。

（2）运用"差集"工具绘制如图10-1所示的三维立体图。已知长方体的长为500，宽为 200，高为 320。长方体中心（对角线的交点）开 $\phi60$ 通孔。

（3）以"SX10-001. dwg"命名，存盘。

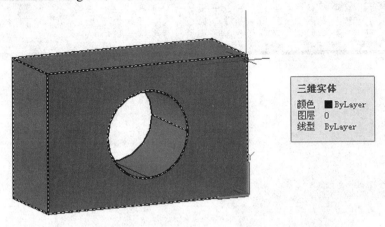

三维实体
颜色 ■ ByLayer
图层 0
线型 ByLayer

图 10 – 1 开孔长方体三维实体模型

【思考问题】

（1）什么是并集？什么是差集？什么是交集？

（2）AutoCAD 软件绘制三维立体图的基本方法有哪些？

参考答案

问题 1：并集就是两个集合相合并，为求和。其定义是：有两个集合 A、B，如果集合 C 是由所有属于 A 和属于 B 的元素组成的集合，那么 C 就叫做 A 与 B 的并集，记为 $A + B$。差集的定义是：有两个集合 A、B，如果集合 C 是由所有属于 A 但不属于 B 的元素组成的集合，那么 C 就叫做 A 与 B 的差集，记为 $A - B$。差集可以理解为从一个集合里减去另一个集合。交集就是两个元素相叠加，求其相交叉部分。例如，集合 $A = \{1, 2, 3, 4\}$，集合 $B = \{3, 4, 5, 6\}$，则交集：两个集合重叠的部分，记为 $A \cap B = \{3, 4\}$；并集：两个集合合并，记为 $A \cup B = \{1, 2, 3, 4, 5, 6\}$；差集：两个集合减去重叠的部分，记为 $A - B = \{1, 2, 5, 6\}$。

问题 2：AutoCAD 软件绘制三维立体图的方法也是多种多样的，基本的方法有：用"建模"和"实体编辑"工具绘制；用"拉伸"的方法绘制；用"旋转"的方法绘制；用"抽壳"的方法绘制；用"压印"的方法绘制等。

【操作步骤】

（1）熟悉三维绘图环境。在桌面双击 AutoCAD 2012 图标，在"工作空间"中选择"三维建模"，单击"确定"按钮。这时就打开了 AutoCAD 2012 的三维建模界面，如图 10 – 2（a）所示、图 10 – 2（b）所示为"经典"三维建模界面。下面来认识这个全新的界面。在三维建模空间，可以显示我们熟悉的菜单命令，但工具栏显示的都是与三维有关的工具，像"直线"、"圆"等常用工具被整合到了功能区。如需要用到其他二维工具，可以到菜单中选择，此时，可使用快捷键，这对提高绘图效率十分有用。在界面上部，集成了与三维相关的功能区：最左面是"常用"选项卡，此选项卡中集成了"建模"、"网格"、"实体编辑"、"绘图"、"修改"等功能面板；其后依次是"实体"，"曲面"，"网格"，"渲染"等选项

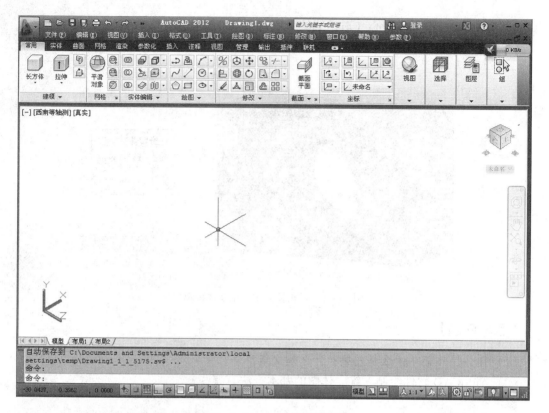

图 10-2（a）　三维建模界面

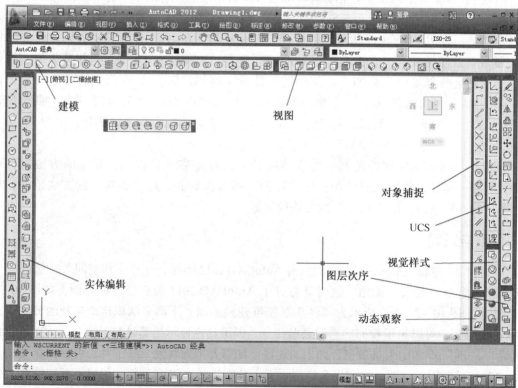

图 10-2（b）　"经典"三维建模界面

卡。当用鼠标指针指向某个工具时，就会出现该工具按钮的相关说明，例如，鼠标指向
"长方体"工具时就显示"长方体"三维建模工具的相关说明，如图 10-3 所示。

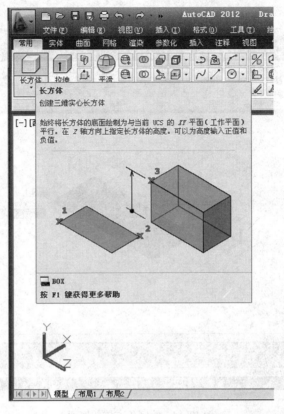

图 10-3　三维建模提示

（2）单击"常用"选项卡"建模"面板中的"长方体"工具，如图 10-3 所示。在三
维工作区间单击接近三维坐标原点处的某一点，输入"L"，再输入长方体的长度"200"，
按键盘上的"Tab"键，输入长方形的宽度"500"，这时就绘制了长方体的底面，如图 10-
4 所示。

（3）输入长方形的高度值"320"，按回车键，长方体就绘制好了。接下来输入直线命
令"L"，设置对象捕捉为"端点"，在长方形的前面（即与 *YOZ* 面平行的可见平面）上，
画一条对角线作为辅助线，如图 10-5 所示。

（4）绘制圆柱体，并与长方体相交。在"常用"选项卡的"坐标"面板中选择"绕 *X*
轴旋转"，按回车键（旋转 90°）。在"实体"选项卡的"图元"面板中单击"圆柱体"工
具，将对象捕捉设置为中点，在长方体前端面上单击辅助线的中点，以该平面为基准画底
圆，输入直径值"60"，沿圆柱体轴向方向向 *X* 轴正方向移动，输入长度值"300"（此长度
应大于长方体的厚度），这时就创建了一个底圆直径为 60，长为 300 的圆柱体，如图 10-6
所示。

（5）移动圆柱体，并贯穿长方体。设置对象捕捉为圆心和中点，输入移动命令"M"，
按回车键，关闭"选择实体上的子对象"提示框，提示"找到一个对象"，选择圆柱体（在
圆柱体上单击），在出现"指定基点或 [位移（D）] <位移 >："后，捕捉圆柱体底圆的圆
心（即基面上的圆心），移动圆柱体至辅助线（对角线）的中点，单击鼠标左键。再输入

"M"，按回车键，单击圆柱体，再单击鼠标右键，单击旁边任意一点，打开"正交"，向 *X* 轴反方向移动，输入移动距离 220，按回车键，这时圆柱体就和长方体相交了，如图 10-7 所示。

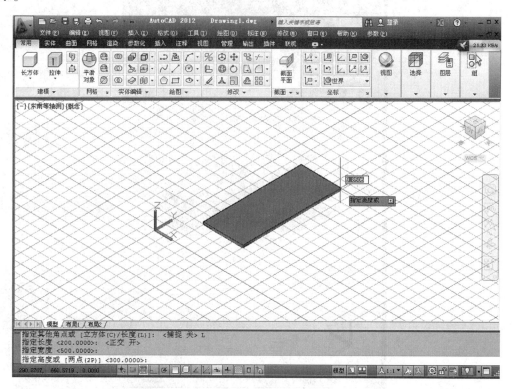

图 10-4 绘制长方体的底面

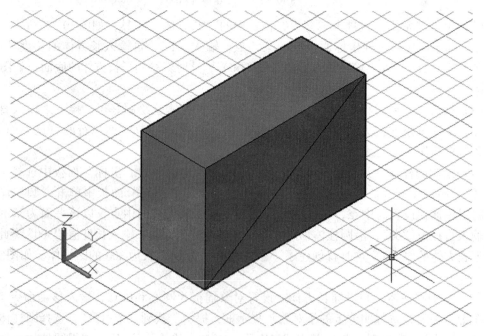

图 10-5 绘制对角线

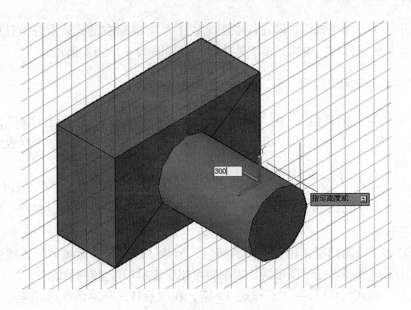

图 10 - 6　绘制圆柱体

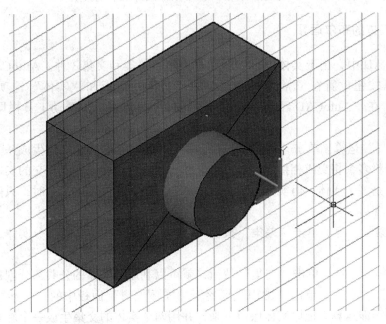

图 10 - 7　移动圆柱体

（6）作长方体和圆柱体的差集。单击"常用"选项卡中"实体编辑"面板的"差集"工具，在出现"选择要从中减去的实体或面域"时，选择长方体，单击鼠标右键，出现"选择要减去的实体或面域"，选择圆柱体，按回车键，即得到如图 10 - 1 所示的开孔长方体。单击界面右侧的"动态观察"按钮，从各个角度观察所绘制的三维图形。

【知识链接与操作技巧】

1. 在"AutoCAD 经典"界面添加三维工具栏

对于熟悉 AutoCAD 2005 等以前版本的用户，可以用模块 1 中介绍的方法在"AutoCAD

经典"界面中添加三维工具栏，即在任意工具栏上单击鼠标右键，显示各工具栏名称，在所需添加的工具栏前打钩。添加三维工具后的界面如图 10-2 （b）所示。

2. 创建三维绘图样板

（1）单击"菜单浏览器"，在"另存为"中单击"Auto CAD图形样板"，在弹出的"图形另存为"对话框中输入"acadiso.dwt"，单击"保存"按钮，再在"样板选项"对话框选择"公制"。

（2）执行"视图（V）"→"三维视图（3）"→"西南等轴测（S）"，设置坐标为 ⤵。接着，输入"Ucsicon"命令，在"输入选项"中选择"非圆点（N）"，将坐标系图标固定在左下角。

（3）新建若干个新图层，设置不同的颜色。加载"Hidden（虚线）"，该线型暂不赋予任何图层。Hidden线型在三维图形转三视图时可用于表示不可见轮廓线。

（4）执行"格式（O）"→"点样式（P）"，在"点样式"对话框选择⊠。

（5）将此样板文件以"三维绘图样板.dwt"为文件名存盘。

3. 三维实体的布尔运算

在 AutoCAD 中，用于实体的布尔运算有并集、差集和交集3种。AutoCAD 2012 将三种运算的工具按钮放置在"常用"选项卡的"实体"面板和"实体"选项卡的"布尔值"面板中。在"AutoCAD经典"界面只要添加"实体编辑"浮动工具栏即可使用这三个按钮。

（1）"并集"运算。单击"并集"按钮，就可以通过组合多个实体生成一个新实体。该命令主要用于将多个相交或相接触的对象组合在一起。当组合一些不相交的实体时，其显示效果看起来还是多个实体，但实际上却被当作一个对象。在使用该命令时，只需要依次选择待合并的对象即可。

（2）"差集"运算。单击"差集"按钮，即可从一些实体中去掉部分实体，从而得到一个新的实体。

（3）"交集"运算。单击"交集"按钮，就可以利用各实体的公共部分创建新实体。

（4）"干涉"运算。单击"常用"标签下"实体编辑"面板中的"干涉"按钮，就可以对对象进行干涉运算。把原实体保留下来，并用两个实体的交集生成一个新实体。

4. 观察三维图形

（1）消隐图形。在绘制三维曲面及实体时，为了更好地观察效果，可执行"视图（V）"→"消隐（H）"命令，暂时隐藏位于实体背后被遮挡的部分。执行消隐操作之后，绘图窗口将暂时无法使用"缩放"和"平移"命令，直到执行"视图（V）"→"重生成（C）"命令重生成图形为止。

（2）使用"视觉样式"菜单观察三维图形。可以通过执行"视图（V）"→"视觉样式（S）"命令更加真实地观察三维图形，例如选择"消隐"命令观察三维图形。

5. 设置视图观测点

视点是指观察图形的方向。

（1）使用"视点预置"对话框设置视点。执行"视图（V）"→"三维视图（D）"→"视点预置（I）"命令，打开"视点预设"对话框，为当前视图设置视点，如图 10－8 所示。

对话框中的左图用于设置原点和视点之间的连线在 XY 平面的投影与 X 轴正向的夹角；右边的半圆形图用于设置该连线与投影线之间的夹角，在图上直接拾取即可。也可以在" X 轴"、"XY 平面"两个文本框内输入相应的角度，如图 10－8 所示。

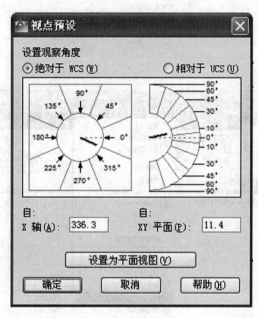

图 10－8　视点预设

单击"设置为平面视图"按钮，可以将坐标系设置为平面视图。默认情况下，观察角度是相对于 WCS（世界坐标系）的。选择"相对于 UCS"单选按钮，可相对于 UCS（用户坐标系）定义角度。

（2）使用罗盘确定视点。选择"视图（V）"→"三维视图（D）"→"视点（V）"命令，可以为当前视图设置视点。该视点均是相对于 WCS 的。这时可通过屏幕上显示的罗盘定义视点。

（3）使用"三维视图"菜单设置视点。在"视图"选项卡的"视图"面板中选择"视图（三维导航）"，从列表中选择一个 UCS 方向，并置为当前，如图 10－9（a）所示，或执行"视图"→"三维视图"菜单中选择"俯视"、"仰视"、"左视"、"右视"、"前视"、"后视"、"西南等轴测"、"东南等轴测"、"东北等轴测"和"西北等轴测"命令，如图 10－9（b）所示。

（a）

（b）

图 10－9　设置视点

6. 动态观察。

执行"视图（V）"→"动态观察（B）"命令中的子命令，可以动态观察视图。

【小结】

从本例可见，与以前的版本相比，AutoCAD 2012 增强了三维建模的功能。在"实体"

选项卡的"图元"面板中,具有常见的长方体、圆柱体、球体、多段体等工具,它们可以直接用来创建三维模型。但是要得到丰富的三维图形,靠这些是远远不够的,因此,初学者应把练习的重点放在应用"拉伸"、"旋转"等技能上。

10.4　任务2——绘制底座三维实体

【任务要求】

（1）启动 AutoCAD 2012,选择工作空间为"三维建模"。

（2）根据图 10 - 10 所示的图形尺寸,用"拉伸"法绘制图 10 - 11 所示的三维立体图。

（3）以"SX10-002.dwg"命名,存盘。

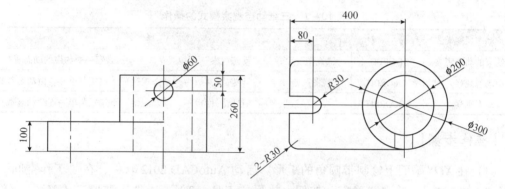

图 10 - 10　底座零件尺寸

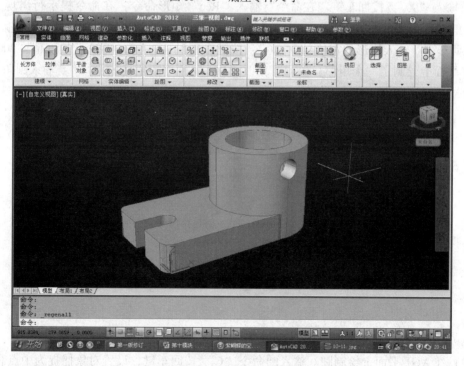

图 10 - 11　底座三维实体模型

【思考问题】

1. 怎样更改坐标轴的方向？

2. AutoCAD 2012 软件观察三维立体图的模式有哪些？怎样操作？

参考答案

问题1：由本模块任务1可见，三维坐标系的默认方向为 Z 轴向上，X 轴向前方，Y 轴向右。欲更改坐标轴的方向，可执行"工具（T）"→"新建 UCS（W）"，选择"X"、"Y"、"Z"中的一个，旋转一定角度。

问题2：AutoCAD 2012 软件提供的三维动态观察模式有：受约束的动态观察、自由动态观察、连续动态观察。操作方式如表 10-1 所示。当然，还有执行菜单命令"视图→动态观察"等方法。

表 10-1　三维动态观察模式的操作

三维动态观察模式	命　令	工　具
受约束的动态观察	3DORBIT	"视图"菜单→"动态观察"下拉式菜单→动态观察→受约束的动态观察
自由动态观察	3DFORBIT	"视图"选项卡→"导航"面板→"动态观察"下拉式菜单→自由动态观察
连续动态观察	3DCORBIT	"视图"选项卡→"导航"面板→"动态观察"下拉式菜单→连续动态观察

【操作步骤】

（1）在 XOY 平面上绘制带圆角的矩形。启动 AutoCAD 2012 软件，在"工作空间"中选择"三维建模"，单击"确定"按钮。执行"工具（T）"→"新建 UCS（W）"→单击"⟲"，输入"90"，按回车键。在命令行输入"Rec"矩形命令，在命令提示行出现"指定第一个角点或 [倒角（C）/标高（E）/圆角（F）/厚度（T）/宽度（W）]:"后，输入"0，0"，按回车键。输入矩形的宽度值"400"，按键盘上的 Tab 键，再输入长度值"300"，就在 XOY 平面上绘制了一个矩形。执行"修改（M）"→"圆角（F）"，接着输入圆角半径的值"30"，倒左边两圆角，如图 10-12 所示。

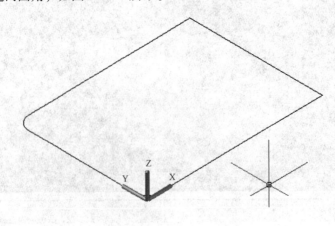

图 10-12　在 XOY 平面绘制矩形

（2）在 XOY 平面上绘制圆。输入圆命令"C"，按回车键，设置对象捕捉为中点和圆心，单击矩形左边线上的中点，输入半径值"30"，按回车键。输入移动命令"M"，按回车键，关闭""选择实体上的子对象"提示框,选中圆并单击鼠标右键,打开"正交"模式,鼠标单击圆旁边任一点并沿 X 轴方向移动,输入移动距离"80",按回车键。输入圆命令"C",按回车键。单击矩形右边线上的中点,输入半径值"150",按回车键。单击鼠标右键,选右键菜单"重复 Circle(R)",捕捉大圆圆心,输入半径值"100",按回车键。设置对象捕捉为象限点,输入"L",单击半径为 30 的小圆的前象限点画一条平行于 X 轴的辅助线,交大矩形于一点。输入"Rec"矩形命令,在命令提示行出现"指定第一个角点或 [倒角(C)/标高(E)/圆角(F)/厚度(T)/宽度(W)]:"后输入"F",按回车键,接着输入圆角半径的值"0",单击半径为 30 的小圆的另一象限点,第二点捕捉到辅助线与大矩形的交点,如图 10 - 13 所示。

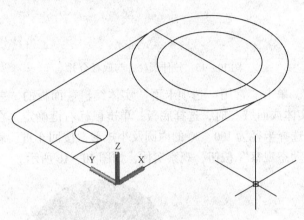

图 10 - 13　绘制底面

(3)拉伸底板。单击"常用"选项板的"建模"面板中的"拉伸"工具,选择大、小矩形,半径为 30 的小圆,单击右键,打开"正交模式",单击图形旁边一点,向上移动光标,输入拉伸高度"100",按回车键确定,得到底板的立体图,如图 10 - 14 所示。

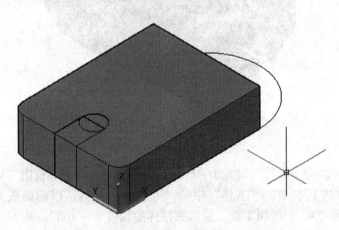

图 10 - 14　拉伸底板

(4)在菜单"视图(V)"→"视觉样式(S)"中将视觉样式切换成"三维线框",单击"常用"选项卡中"建模"面板的"拉伸"工具,选择半径为 100 和 150 的两圆,单击鼠标右键,输入拉伸高度为"260",按回车键。切换回真实显示模式,单击"常用"选项卡下"实体"面板的"并集"工具,选中底板和空心圆柱体,将它们合并为一体,如图 10 - 15 所示。

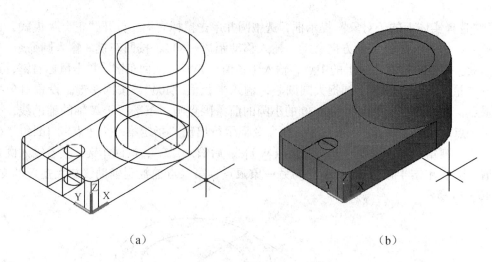

（a）　　　　　　　　　　　　　　　　（b）

图 10 - 15　拉伸圆柱并与底板合并

（5）修剪孔、槽。单击"常用"选项卡下"实体编辑"面板的"差集"工具，在出现"选择要从中减去的实体或面域"时，选择底板，单击鼠标右键确定，在出现"选择要减去的实体或面域"时，选择半径为 100、30 的内圆及小矩形，按回车键。就得到了开孔和开槽的立体模型，单击"动态观察"按钮，观察实体，如图 10 - 16 所示。

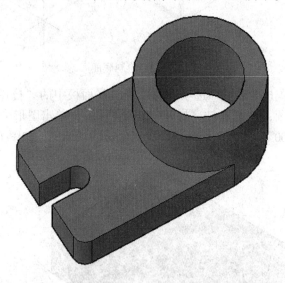

图 10 - 16　开孔和开槽

（6）绘制 X 方向的小圆孔。如图 10 - 17 所示设置 UCS。单击"视图（V）"→"视觉样式（S）"→"线框（W）"，单击"实体"中的"圆柱体"工具，以前面板为基准面，单击其上一点，输入半径"30"，按回车键，输入圆柱体的长度为"160"，按回车键，如图 10 - 17所示。设置对象捕捉为圆心，输入"M"，捕捉圆柱底面的圆心，拖到大圆柱体上表面圆心，捕捉圆心单击。输入"M"，将小圆柱体向下移动"50"，按回车键，适当沿小圆柱体轴线移动，单击"视图（V）"→"视觉样式（S）"→"概念（C）"，用"动态观察"按钮观察，如图 10 - 18 所示。单击"差集"工具，先选中大圆柱体，按回车键，再选中小圆柱体，按回车键。即得到图 10 - 10 所示图形。

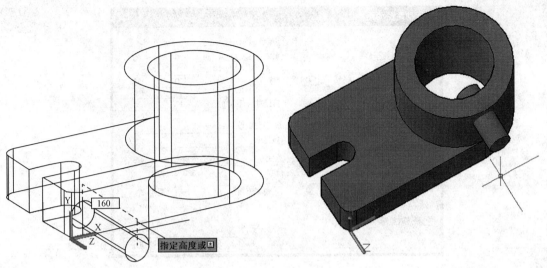

图 10 – 17　绘制小圆柱体　　　　　图 10 – 18　移动小圆柱体

【知识链接与操作技巧】

1. 使用相机定义 3D 透视图

在 AutoCAD 2012 中，用户可以在模型空间放置一台或多台相机来定义 3D 透视图。

（1）创建相机。

依次单击"渲染"选项卡下的"相机"面板中的"创建相机"按钮，或执行"视图（V）"→"创建相机（T）"命令，可以在视图中创建相机，当指定了相机位置和目标位置后，命令行显示"输入选项 [? /名称（N）/位置（LO）/高度（H）/目标（T）/镜头（LE）/剪裁（C）/视图（V）/退出（X）] <退出 >:"信息，在该命令提示下，可以指定创建的相机名称、相机位置、高度、目标位置、镜头长度、剪裁方式以及是否切换到相机视图。

（2）相机预览。

在视图中创建了相机后，当选中相机时，将打开"相机预览"窗口。其中，在预览框中显示了使用相机观察到的视图效果。在"视觉样式"下拉列表框中，可以设置预览窗口中图形的三维隐藏、三维线框、概念、真实等视觉样式。

（3）运动路径动画。

在 AutoCAD 2012 中，可以执行"视图（V）"→"运动路径动画（M）"命令，创建相机沿路径运动观察图形的动画，此时将打开"运动路径动画"对话框，如图 10 – 19 所示。

在"运动路径动画"对话框中，"相机"选项组用于设置将相机链接到的点或路径，使相机位于指定点观测图形或沿路径观察图形；"目标"选项组用于设置将相机目标链接到的点或路径；"动画设置"选项组用于设置动画的帧频、帧数、持续视觉、分辨率、动画输出格式等选项。

当设置完动画选项后，单击预览按钮，将打开"动画预览"窗口，可以预览动画播放的效果。

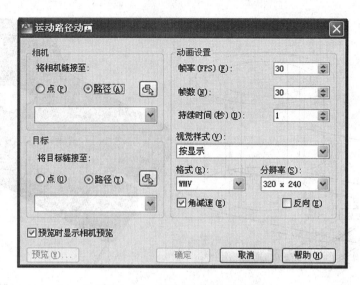

图 10 – 19　运动路径动画对话框

2. 漫游与飞行

在 AutoCAD 2012 中，用户可以在漫游或飞行模式下，通过键盘和鼠标控制视图显示，或创建导航动画。

（1）漫游和飞行设置

打开"视图"选项卡下的导航面板中的"全导航"控制盘，按住"全导航"控制盘中的"漫游"按钮，按提示操作。依次单击"渲染"标签下"动画"面板中的"漫游和飞行"下拉式菜单中的"漫游和飞行设置"，如图 10 – 20（a）所示。在随后出现的"漫游和飞行设置"对话框中，设置显示指令窗口的时刻，窗口显示的时间，以及当前图形设置的步长和每秒步数，如图 10 – 20（b）所示。

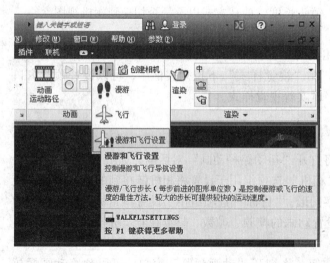

（a）

（b）

图 10 – 20　漫游和飞行设置

【小结】

（1）从本例可见，"拉伸"操作是创建三维立体模型的重要手段之一，先在一个坐标平面上绘制二维图形，再在另一个坐标轴方向上用"拉伸"工具拉伸，即可得到栩栩如生的立体图。

（2）"实体"选项卡的"布尔值"工具"并集"、"差集"和"交集"可说是三维建模的三大法宝，有了它们，就可以作出千变万化的图形。

10.4　任务3——绘制带轮的三维实体图

【任务要求】

（1）启动 AutoCAD 2012，选择工作空间为"三维建模"。

（2）根据如图 10 – 21（a）中所示的尺寸，用"旋转法"绘制图 10 – 21（b）所示带轮的三维立体图。

（3）以"SX10–003. dwg"命名，存盘。

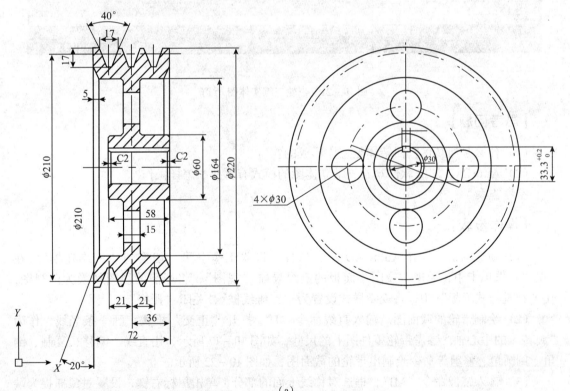

（a）

图 10 – 21　带轮三维实体图

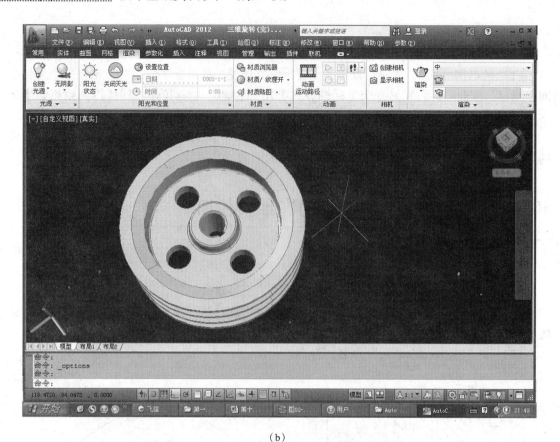

(b)

图 10-21 带轮三维实体图 (续)

【思考问题】

（1）什么是回转体？回转体是怎样形成的？

（2）AutoCAD 2012 软件观察三维立体图的模式有哪些？怎样操作？

参考答案

【操作步骤】

（1）新建场景。打开 AutoCAD 2012 软件，将"工作空间"切换到"三维建模"。在"视图"选项卡中，单击"视图"面板的三维导航"视图"，将当前的视图切换为前视图，在"视觉样式面板"中，将视觉样式设置为"二维线框"，关闭"栅格"。

（2）绘制带轮的截面图。输入直线命令"L"，打开"正交"模式，画一条竖线，作为"旋转"的中心轴。参考带轮零件图上的尺寸，如图 10-17 所示，用直线、偏移、复制、倒角、倒圆角、修剪等命令绘制出带轮的截面图，如图 10-22 所示。

（3）输入镜像命令"MI"，框选对称线上面的部分，单击鼠标右键，设置对象捕捉为端点，选择对称轴线为对镜像线，按回车键。再将图形右下端凸缘部分拉伸到与左下边缘齐平的位置，得到如图 10-23 所示的图形。

（4）用"面域"工具定义要旋转的封闭线框。执行"绘图（D）"→"面域（N）"，选中图 10-22 中除轴线和旋转轴线以外的部分，单击鼠标右键确定，这些选中的线就被链接为一个整体封闭的线框。

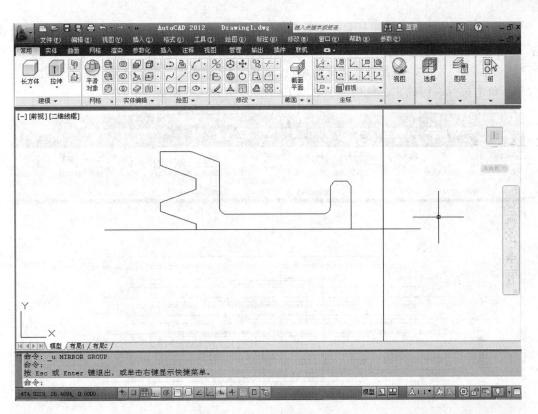

图 10-22　绘制截面图上半部分

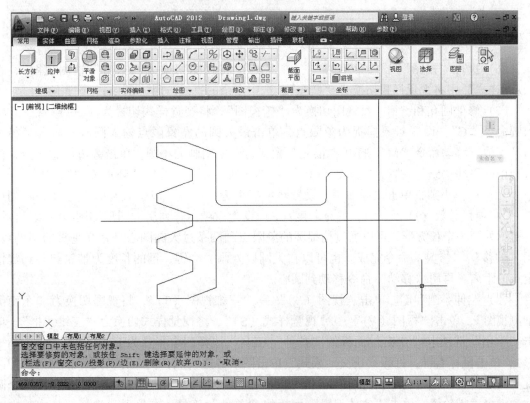

图 10-23　镜像出截面图

（5）单击"实体"选项卡中"实体"面板的"旋转"工具，选中绘制好的"封闭线框"，单击鼠标右键，在系统提示"指定轴起点或根据以下选项之一定义轴 [对象（O）/X/Y/Z] ＜对象＞:"时，设置对象捕捉为端点，单击一开始画的竖线的两端点，即以此线为对称轴，单击鼠标右键确定，就得到了如图10-24所示的三维模型。

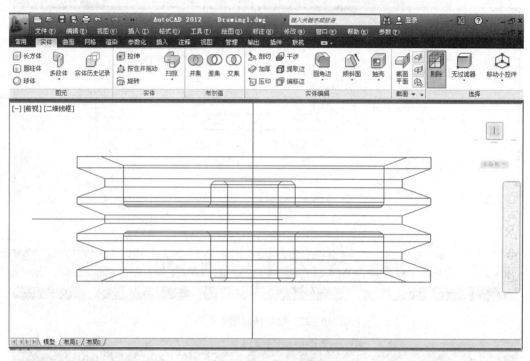

图10-24　旋转出带轮三维线框

（6）执行"视图"下拉菜单的"三维视图"，将视图切换为"东南等轴测视图"，在"视觉样式"中将视觉样式切换为"概念"。选中多余的直线，用"Delete"键删除。

（7）修剪圆孔和键槽。将视图切换为"俯视图"，将视觉样式切换为"二维线框"，输入圆命令"C"，设置对象捕捉为象限点，单击最大圆的左象限点输入圆心，输入半径为"15"。输入移动命令"M"，打开"正交"模式，选中刚画的小圆，单击旁边任意一点，向大圆中心移动"55"，执行"修改（M）"→"阵列（A）"，选择"环形阵列"，如图10-25所示。选择小圆，单击鼠标右键，设置对象捕捉为中心点，单击大圆的中心（即阵列中心），将项目总数（I）设为4，填充角度（F）设为360°。阵列后的图形如图10-26所示。在键槽处画一个长方形，可以通过捕捉圆的象限点画两条过大圆圆心且相互垂直的辅助线，用"偏移"、"修剪"命令完成。也可以在大圆以外画一个键，键的长度为带轮圆心到键槽定点的距离，再用"移动"命令移动到圆心。

（8）拉伸小圆和键。单击"视图（V）"→"三维视图（3）"，将视图切换为"东南等轴测视图"，单击"视图（V）"→"视觉样式（S）"，将视觉样式切换为"三维线框"。单击"常用"选项卡"建模"面板的"拉伸"工具，选择四个半径为15的小圆、键（小矩形），单击鼠标右键，打开"正交"模式，单击图形旁边一点，向上移动光标，输入拉伸高度"120"，按回车键确定，得到如图10-27所示的立体图。再向下拉伸"100"。使4个圆柱和键穿过带轮体。单击"实体编辑"面板的"差集"工具，在出现"选择要从中减去的实体或面域"时，选择带轮，单击鼠标右键，在出现"选择要减去的实体或面域"时，选择 4 个小圆柱体和矩形，按回车键，即得到图 10－28 所示的修剪后的带轮。

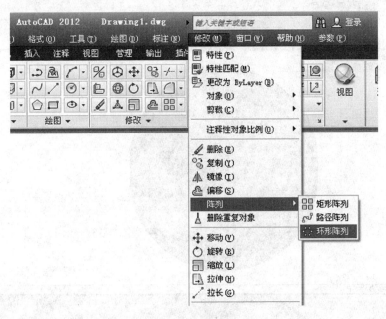

图 10－25　环形阵列

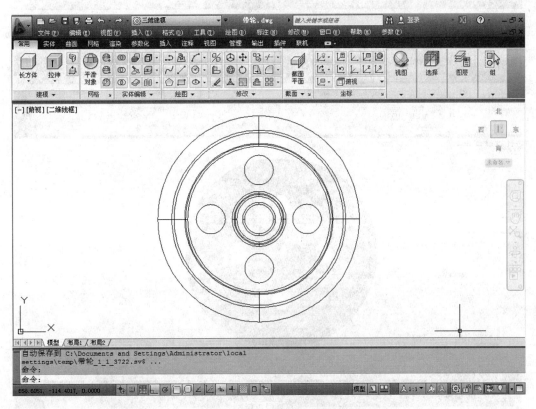

图 10－26　绘制小圆和键

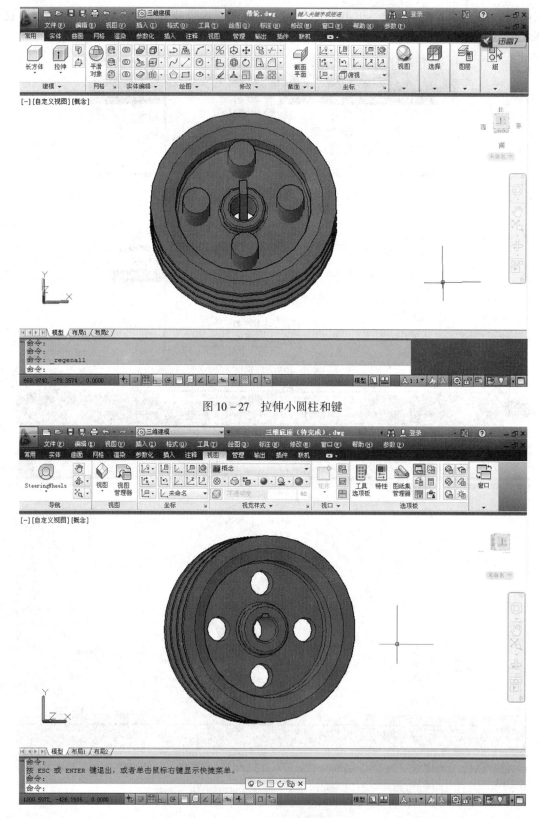

图 10-27　拉伸小圆柱和键

图 10-28　用差集绘制小圆和键槽

（9）渲染设置。在命令提示下，输入"Rpref"，或执行"视图（V）"→"渲染（E）"→"高级渲染设置（D）"，在"高级渲染设置"选项板中，滚动到选项板的顶部。在最上部展开项中选择"演示"渲染预设。在"常规"下，展开"渲染描述"，在"目标"选项中选定"窗口"。将"材质"下的内容设为"开"，将"阴影贴图"设为"关"。其余按默认设置。

（10）"光源"渲染。单击"渲染"选项卡，在"光源"面板中的"创建光源"下设置三个电光源，如图 10-29 所示。在"光源"滑出面板中，将亮度值设置为"1"。在命令提示下，输入"View"，在系统弹出的视图管理器中，从"模型视图"列表中选择"渲染"，在"常规"面板上，单击"背景替代"列表并依次选择"渐变色"，如图 10-30 所示。在"背景"对话框中，单击"顶部颜色"框，将其设置成白色（颜色 255，255，255），将"中间颜色"设置为灰色（颜色 220，220，220），将底部颜色设置为深灰色（颜色 110，110，110），如图 10-31 所示。单击"确定"按钮关闭视图管理器。

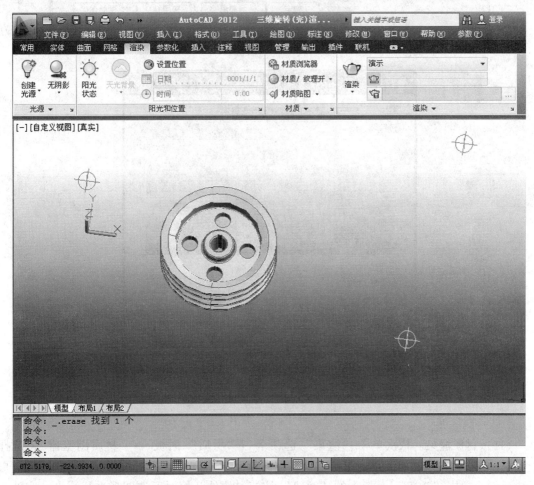

图 10-29　"光源"渲染

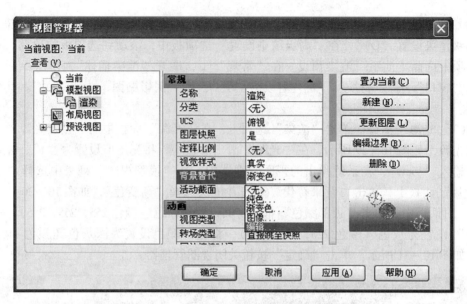

图 10 – 30　视图管理器

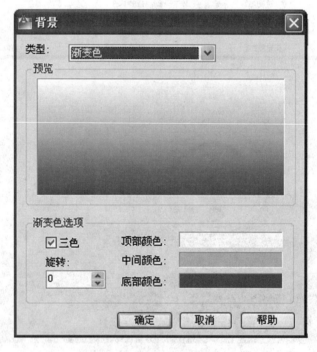

图 10 – 31　背景

（11）材质渲染。依次单击"渲染"选项卡→"材质"面板 →"材质浏览器"，选择"金属"材质，在该材质上单击鼠标右键，在右键菜单中选择"选择要应用到的对象"，再选中带轮。单击"渲染"面板中的"渲染"按钮，软件开始对所选图形进行渲染，渲染后的效果如图 10 – 32 所示。

（12）执行"文件（F）"→"保存（S）"命令，输入文件名"带轮渲染"，将每英寸点数设置为 300，在保存格式中选"TIF"格式，将带轮保存为"TIF"格式的图片。

图 10 - 32　渲染效果

NOTICE　注意

在早期软件版本中（如 AutoCAD 2007），灯光渲染是在"三维导航控制台"中进行的，选择"新建视图"按钮，在"视图名称"中输入"渲染"，在"边界"中选"当前显示"，在"背景"中勾选"替代默认背景"，在系统弹出的"背景"对话框中，将背景颜色设置成"渐变色"，单击"顶部颜色"，将其设置成白色（颜色 255，255，255），将"中间颜色"设置为灰色（颜色 220，220，220），将底部颜色设置为深灰色（颜色 110，110，110），如图 10 - 33 所示。在"三维导航控制台"中，将视图切换到"俯视图"，将视图适当缩小，在"光源控制台"中单击展开按钮"▼"，在带轮的周围创建三个点光源，单击"创建点光源"按钮，系统弹出"视口光源模式"，在选项中单击"是"标签，在带轮正右方、右下方、下方分别创建一个点光源。单击"光源列表"按钮，在系统弹出的"点光源名称"列表中选择"点光源 1"，则视图中的"点光源 1"成为被选中状态，双击列表中的"点光源 1"，系统弹出"特性"对话框，设置灯光属性中的阴影为"开"，强度因子为"0.8"，将灯光高度 Z 值为 600，其他为默认设置。按 Ctrl 键的同时，选择"点光源 2"和"点光源 3"，同时设置两个灯光的属性，将其中的阴影设为"关"，强度因子设为"0.3"，将灯光高度 Z 值设为 300，其他为默认设置，如图 10 - 34 所示。将弹出的对话框全部关闭，选择"渲染视图"。

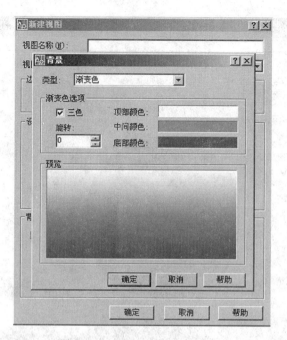

图 10 - 33　背景对话框

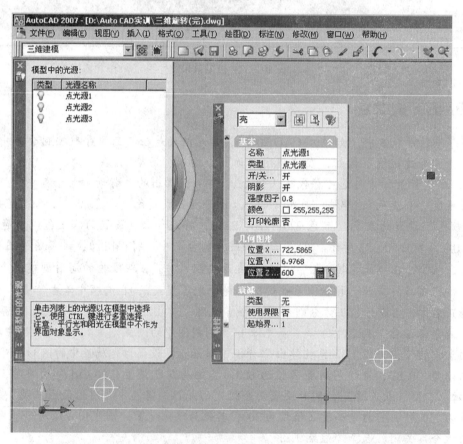

图 10 - 34　灯光渲染

材质渲染则是在"材质控制台"打开"材质"对话框，为带轮指定一种材质，单击

"将材质指定到对象"按钮，单击带轮，将材质指定给带轮，单击鼠标右键确定。设置渲染参数，单击"高级渲染"按钮，选择"高"方式，在输出尺寸中选择"640×480"，在"过滤器类型"中选择"lanccos"，如图 10-35 所示。

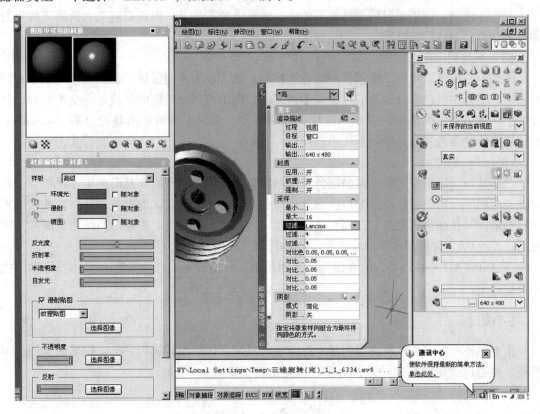

图 10-35　材质渲染

关闭所有的对话框，在"三维导航控制台"中，选择"渲染"，在"渲染控制台"中，单击"渲染"按钮，系统就开始对带轮进行渲染。

【知识链接与操作技巧】

贴图简介

贴图就是将二维图像"贴"到三维对象的表面上，从而在渲染时产生照片级的真实效果。此外，还可以使用贴图与光源组合起来，产生各种特殊的渲染效果。

在 AutoCAD 中，可以通过材质设置各种贴图，并将其附着到模型对象上，并可以通过指定贴图坐标来控制二维图像与三维模型表面的映射方式。在材质设置中，可以用于贴图的二维图像包括 BMP、PNG、TGA、TIFF、GIF、PCX 和 JPEG 等格式的文件。

在 AutoCAD 中可以使用多种类型的贴图，这些贴图在光源的作用下可以产生不同的特殊效果。

（1）纹理贴图。

纹理贴图可以表现物体表面的颜色纹理，就好像是将位图图像绘制在对象上一样。由于纹理贴图与对象表面特征、光源和阴影相互作用，所以这种技术可以产生具有高度真实感的图像。

（2）反射贴图。

反射贴图可以表现对象表面上反射的场景图像，也称为环境贴图。利用反射贴图，可以模拟显示模型表面所反射出周围环境的景象。例如，建筑物表面的玻璃材料上可以反射出天空、云彩等环境。使用反射贴图虽然不能精确地显示反射场景，但可以避免大量的光线反射和折射计算，节省渲染时间。

（3）不透明贴图。

不透明贴图可以根据二维图像的颜色来控制对象表面的透明区域。在对象上应用不透明贴图后，图像中白色部分对应的区域是不透明的，而黑色部分对应的区域是完全透明的，其他颜色将根据灰度的程度决定相应区域的透明程度。如果不透明贴图是彩色的，AutoCAD将使用等价的颜色灰度值进行不透明转换。

（4）凹凸贴图。

凹凸贴图可以根据二维图像的颜色来控制对象表面的凹凸程度，从而产生浮雕效果。在对象上应用凹凸贴图后，图像中白色部分对应的区域将相对凸起，而黑色部分对应的区域则相对凹陷，其他颜色将根据灰度的程度决定相应区域的凹凸程度。如果凹凸贴图的图像是彩色的，AutoCAD将使用等价的颜色灰度值进行凹凸转换。

在 AutoCAD 中，还可以为贴图指定平面投影、柱面投影、球面投影及实体投影贴图投影类型。

【小结】

由本例不难看出，三维建模的基本思路是将三维立体绘图转换为一个坐标平面上的二维绘图，再通过"旋转"、"拉伸"等手段创建出三维模型。

10.5　拓展延伸

1. 创建剖切后的三维模型

有时为了揭示零件的内部结构，需要将三维模型绘制成剖切开的模型。绘制这样的模型，也可用旋转法得到，只不过旋转的角度不是 360°，可根据需要设置旋转角度。例如，在任务 3 里将带轮的旋转角度设为 180°，就得到图 10 – 36 所示的剖切模型。带轮中下部的凸台得到了较充分的表现。当然，也可以通过执行菜单命令"修改（M）"→"三维操作（3）"→"剖切（S）"来进行后期修改。

2. 画三维剖面上的"剖切平面"

在"常用"选项卡上，展开"截面平面"下的"截面面板"。单击"生成截面"，弹出"生成截面/立面"对话框，单击"选择截面平面"按钮，选择剖面，即可显示剖切平面，如图 10 – 37 所示。

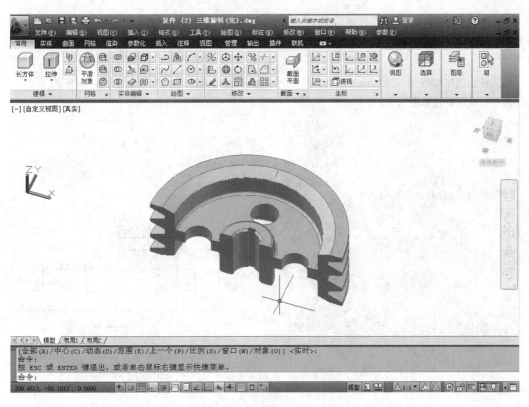

图 10 - 36　带轮剖切模型

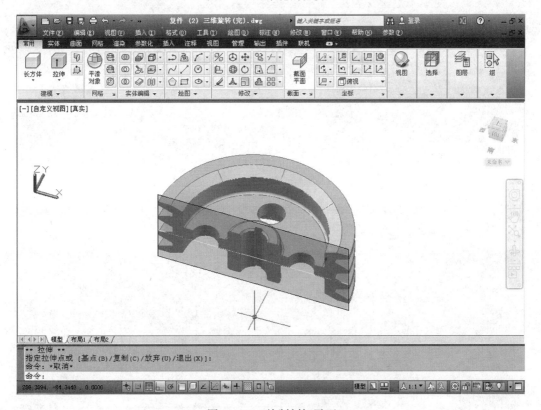

图 10 - 37　绘制剖切平面

习题 10

用旋转法创建如图 10 - 38 所示的剖切掉四分之一的回转体。截面参考尺寸如图 10 - 39 所示。

提示：设置旋转角度为 270°。

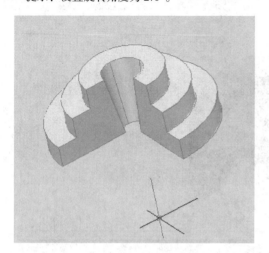

图 10 - 38　练习效果图

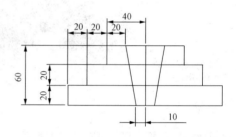

图 10 - 39　练习参考尺寸图

模块 11

输出图形

11.1　项目分析

【项目结构】

本模块主要训练将绘制好的图样打印到图纸上。

【项目作用】

通过本模块练习，了解 AutoCAD 软件的"模型空间"和"布局空间"的概念及其作用，熟悉 AutoCAD 软件的打印操作和页面设置，掌握对"视口"的操作。了解 AutoCAD 软件的其他输入、输出基本方法。

【项目指标】

（1）了解模型空间、布局空间和视口的概念，理解"模型空间"和"布局空间"的区别。

（2）掌握应用"向导"进行打印设备参数的设置。

（3）掌握打印设置，能独立完成零件图和装配图的打印任务。

（4）掌握三维实体模型转换为二维视图和轴测图的基本方法。

11.2　相关基础知识

1. 模型空间和图纸空间

模型空间是指用户在其中进行的设计绘图的工作空间。在模型空间中，用创建的模型来完成二维或三维物体的造型，标注必要的尺寸和文字说明。系统的默认状态为模型空间。当在绘图过程中只涉及一个视图时，在模型空间即可以完成图形的绘制、打印等操作。

图纸空间（又称为布局）可以看做由一张图纸构成的平面，且该平面与绘图区平行。图纸空间上的所有图纸均为平面图，不能从其他角度观看图形。利用图纸空间，可以把在模型空间中绘制的三维模型在同一张图纸上以多个视图的形式排列（如主视图、俯视图、左视图、轴测图、剖视图、断面图等），以便在同一张图纸上输出它们，而且这些视图允许采用不同的比例，而在模型空间则无法实现这一点。

2. 平铺视口和浮动视口

视口是指在模型空间中显示图形的某个部分的区域。对较复杂的图形，为了比较清楚地观察图形的不同部分，可以在绘图区域上同时建立多个视口进行平铺，以便显示几个不同的视图。如果创建多视口时的绘图空间不同，所得到的视口形式也不相同，若当前绘图空间是模型空间，创建的视口称为平铺视口，若当前绘图空间是图纸空间，则创建的视口称之为浮动视口。

11.3 任务1——模型空间打印设置

【任务要求】

（1）启动 AutoCAD 2007，打开模块 7 中绘制好的零件图 7-1。

（2）在模型空间进行打印设置，并打印到图纸上。

【思考问题】

在模型空间打印输出需进行哪些设置？

参考答案

利用 AutoCAD 绘图软件绘制好图形后，接下来的问题就是打印输出。打印输出之前也应进行相应的设置，在模型空间打印输出需进行打印机和打印样式表设置。

【操作步骤】

（1）双击 AutoCAD 2007 快捷图标，选择"AutoCAD 经典"，在"新功能专题研习"对话框中选"以后再说"，单击"确定"按钮。

（2）按"Ctrl+O"组合键，在"选择文件"对话框中选择"SX7-001. dwg"，打开零件图"轴固定套"，用"Zoom"→"All"命令将图幅满屏。

（3）输入打印命令"PLOT"，按回车键，屏幕弹出"打印—模型"对话框，如图 11-1 所示。在"打印机/绘图仪"标签中，选择系统安装的打印机。若未安装，则选择电子打印机"DWF6 eplot. pc3"。在"打印样式表"中，选择"acad. ctb"作为默认的打印样式表，在系统弹出的"问题：是否将此打印样式表指定给所有布局？"对话框中单击"是"按钮。

NOTICE 注意

> 如"打印样式表"未出现，单击右下方的展开符号"〉"，将隐藏的部分显示。

（4）进行页面设置。在"图纸尺寸（Z）"选项中选"ISO full blead A3（420.00 × 297.00）毫米"，在"图形方向"选现中选择"横向"，在"打印范围（W）"下选"窗口（O）"，单击"窗口"按钮，这时光标变成十字形，框选要打印的图形。要改变窗口，可单击"窗口（W）"按钮，重新框选。在"打印偏移"选项中，勾选"居中打印（C）"，在

"打印比例"中，勾选"布满图纸"，"单位"选择"毫米"。单击"预览（P）…"，预览图形输出后的效果。如果满意，在打印机中放入 A3 打印纸，单击鼠标右键，在右键菜单中选"打印"，图样即打印输出到图纸上。预览效果如图 11 - 2 所示。

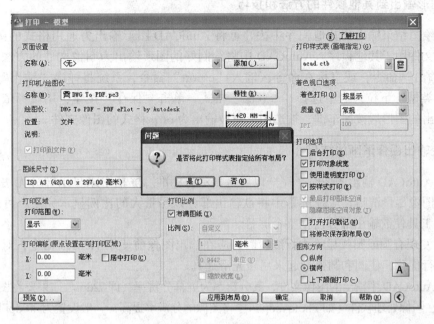

图 11 - 1　"打印—模型"对话框

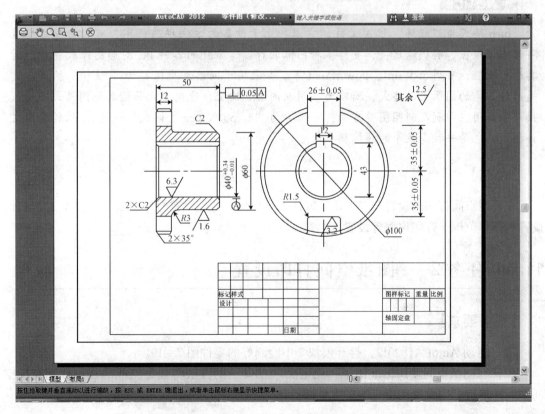

图 11 - 2　打印预览

【知识链接与操作技巧】

1. 图形输出到其他软件的方法和技巧

要将绘图结果输出到其他程序中去，可将 AutoCAD 图形输出为通用格式的图像文件，再将图像文件用于其他程序。AutoCAD 中将绘制好的图形输出为图像文件的方法是：执行"文件→输出"命令，或直接在命令区输入"export"命令，系统将弹出"输出"对话框，在"保存类型"下拉列表中选择"*.bmp"格式，单击"保存"按钮，用鼠标依次选中或框选要输出的图形后按回车键，被选图形便被输出为 bmp 格式的图像文件。

2. 使输出图像清晰的技巧

（1）AutoCAD 输出图像时，完全以屏幕显示为标准。屏幕中未显示部分无法输出。为了使输出图像尽量清晰，应在屏幕中将欲输出部分以尽量大的比例显示完全。可应用"窗口缩放"工具使欲输出部分占据整个屏幕。

（2）发现有圆或圆弧显示为折线段时，应在输出图像前使用 viewres 命令，对屏幕显示分辨率进行优化，使圆和圆弧看起来尽量光滑逼真。

（3）AutoCAD 中输出的图像文件，其分辨率为屏幕分辨率，即 72dpi。如果要将图形打印输出，就要在图像处理软件（如 Photoshop）中将图像的分辨率提高，一般设置为 300dpi 即可。

NOTICE 注意

bmp 格式为"点阵"位图文件，它以独立于设备的方法描述位图，可用非压缩格式存储图像数据，解码速度快，支持多种图像的存储，常见的各种 PC 图形图像软件都能对其进行处理，可用于 Word、PowerPoint 等。如果用于网络，应保存为"*.gif"格式，这是经过压缩的图像文件格式，所以大多用在网络传输上，速度要比传输其他图像文件格式快得多。用在印刷及新闻图片方面，可保存为"*.jpg/*.jpeg"格式，这是 24 位的图像文件格式，也是一种高效率的压缩格式。

【小结】

在模型空间打印的设置与 Word 等软件十分类似，首先设置打印机配置，然后进行页面设置和打印范围、打印比例等设置。

11.4 任务2——图纸空间打印设置

【任务要求】

（1）启动 AutoCAD 2012，打开模块 7 中绘制好的零件图 7 – 19。

（2）在图纸空间使用标准图框，用定义"视口"的方法将模型空间的视图放到布局空间中，并进行打印设置，将完整的零件图打印到图纸上。

【思考问题】

（1）平铺视口和浮动视口各有何特点？

（2）如何在"图纸空间"和"模型空间"之间切换？

参考答案

问题 1：

（1）平铺视口的特点。

①视口是平铺的，它们彼此相邻，大小、位置固定，且不能重叠。

②当前视口（激活状态）的边界为粗边框显示，光标呈十字形，在其他视口中呈小箭头状。

③只能在当前视口进行各种绘图、编辑操作。

④只能将当前视口中的图形打印输出。

⑤可以对视口配置命名保存，以备以后使用。

（2）浮动视口的特点。

①视口是浮动的。各视口可以改变位置，也可以相互重叠。

②浮动视口位于当前层时，可以改变视口边界的颜色，但线型总为实线，可以采用冻结视图边界所在图层的方式来显示或不打印视口边界。

③可以将视口边界作为编辑对象，进行移动、复制、缩放、删除等编辑操作。

④可以在各视口中冻结或解冻不同的图层，以便在指定的视图中显示或隐藏相应的图形，尺寸标注等对象。

⑤可以在图纸空间添加注释等图形对象。

⑥可以创建各种形状的视口。

问题 2：

（1）如果处于图纸空间中，可在布局视口中双击鼠标，随即将处于模型空间。在图纸布局中切换到模型空间的命令是"MSpace"。选定的布局视口将成为当前视口，用户可以平移视图和更改图层特性。建议使用 VPMax 最大化布局视口或切换到"模型"选项卡。

（2）如果处于布局视口中的模型空间，可在该视口的外部双击鼠标，随即将处于图纸空间，可以在布局中创建和修改对象。

（3）如果用户处于模型空间中并要切换到另一个布局视口，可在另一个布局视口中双击，或者按"Ctrl + R"组合键切换到现有的布局视口。

【操作步骤】

1. 打开"轴"零件图

（1）双击 AutoCAD 2012 快捷图标，选择"AutoCAD 经典"。

（2）按"Ctrl + O"组合键，在"选择文件"对话框中选择"SX7 - 002. dwg"，打开零件图"轴"，用"Zoom"→"All"命令将图幅满屏。

2. 创建一个布局

（1）执行菜单命令"插入（I）"→"布局（L）"→"创建布局向导（W）"，系统弹出"创建布局—开始"向导，如图 11 - 3 所示。

（2）在"输入新布局的名称（M）"中输入"轴零件图"。单击"下一步"按钮，在打印机列表中选择系统安装的打印机。若未安装选"DWF6 eplot. pc3"，如图 11-4 所示。

（3）单击"下一步"按钮，设置图纸尺寸为"ISO full blead A3（420.00×297.00）"，图形单位选"毫米"，如图 11-5 所示。

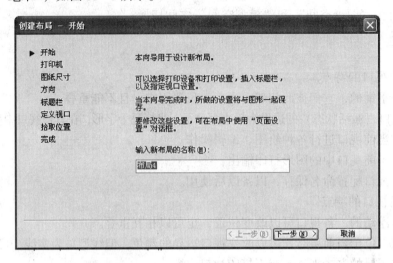

图 11-3　创建布局

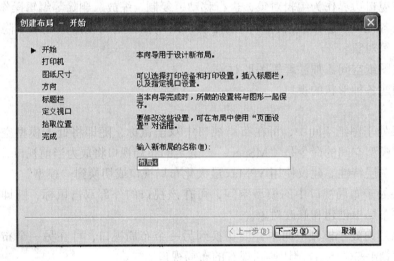

图 11-4　设置打印机

（4）单击"下一步"按钮，设置方向为"横向"。

（5）单击"下一步"按钮，在"标题栏"列表中选择在模块 7 中创建的 A3 标题栏，或选软件自带的标准 A3 标题栏。

（6）单击"下一步"按钮，选择"定义视口"。在"视口设置"中选择"单个（S）"，在"视口比例"中选择"1:1"，如图 11-6 所示。

（7）单击"下一步"按钮，选择"拾取位置"，拖曳出视口位置。单击"完成"按钮。双击标题栏，在"编辑块定义"中填写或修改标题栏中的内容。

（8）打印预览。单击"打印预览"按钮，可见视口线在图上，这是不希望输出到图纸的。另外颜色为"彩色"样式，而一般只需要黑白样式。

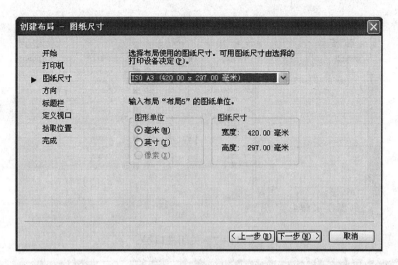

图 11-5　设置图纸尺寸

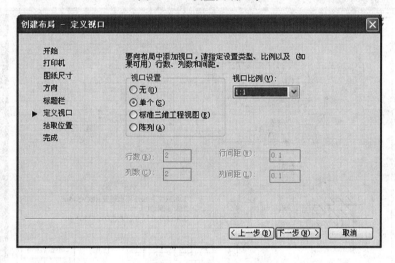

图 11-6　定义视口

3. 改变"打印样式"

退出"预览"状态，单击"打印"按钮，在"打印样式"表的"名称"中选择一种黑白样式"monochrome.ctb"，单击"确定"按钮。

4. 隐藏"视口线"

选中"视口线框"，将其图层切换到"视口"层，如没有可新建一个，设置视口层为"禁止打印"或直接关闭"视口层"，如图 11-7 所示。预览后的打印效果如图 11-8 所示。若要立即打印，单击鼠标右键，在右键菜单中单击"打印"即可。

【知识链接与操作技巧】

1. 使用"特性"选项板修改视口特性

（1）单击要修改其特性的布局视口的边界。

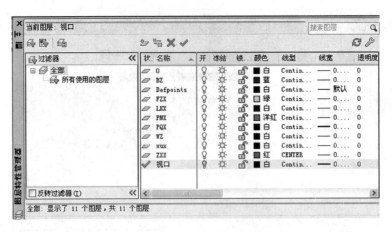

图 11-7　关闭视口层

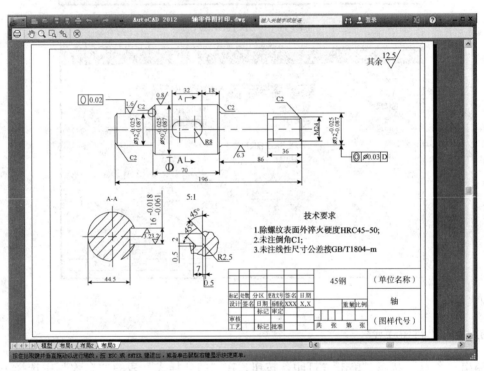

图 11-8　布局空间打印预览

（2）单击鼠标右键，然后单击"特性"按钮。

（3）在"特性"选项板中选择要修改的特性的值。输入新的值或从提供的列表中选择新的设置。

新的特性设置或特性值被指定给当前视口。

2. 显示线宽

线宽的显示在模型空间和图纸空间布局中是不一样的。在模型空间中，0 值的线宽显示为一个像素，其他线宽使用与其真实单位值成比例的像素宽度。而在图纸空间布局中，线宽以实际打印宽度显示。

（1）在模型空间中显示线宽。在模型空间中，合并的宽线形成一个没有端点封口的倾斜接头，可以用打印样式把不同的接头和端点封口样式应用于具有线宽的对象。

对于具有线宽的对象，其不同样式的端点封口和接头仅在完全打印预览中显示。

在模型空间中显示的线宽不随缩放比例而变化。例如，无论如何放大，以四个像素的宽度表现的线宽值总是用四个像素显示。要想使对象的线宽在模型选项卡上显示得更大些或更小些，请使用 LWeight 设置它们的显示比例。显示比例的修改并不影响线宽的打印值。

当线宽以大于一个像素的宽度显示时，重生成时间会加长。关闭线宽显示可优化程序性能。在"模型"选项卡上，通过单击状态栏上的"线宽"可以打开或关闭线宽的显示。

（2）在布局中显示线宽。在布局和打印预览中，线宽是以实际单位显示的，并且随缩放比例而变化。可以通过"打印"对话框的"打印设置"选项卡来控制图形中的线宽打印和缩放。在布局中，通过单击状态栏上的"线宽"可以打开或关闭线宽的显示。此设置不影响线宽打印。

（3）显示线宽。显示线宽可使用以下方法之一：

①切换状态栏上的"线宽"。

②在"线宽设置"对话框中选择或清除"显示线宽"。

③将 LWDisplay 系统变量设置为 0 或 1，以关闭或打开线宽显示。

3. 向"图纸空间"输入对象

（1）将对象从模型空间移到图纸空间。（反之亦然）

①执行"修改（M）"→"更改空间"命令。

②选择要移动的一个或多个对象。

③按回车键结束命令。

（2）从样板输入布局。

①执行"插入（I）"→"布局（L）"→"来自样板的布局（T）"命令。

②在"选择文件"对话框中，选择 DWT 或 DWG 文件输入布局。

③单击"打开"按钮。

④在"插入布局"对话框中，选择要输入的布局。新布局选项卡即被创建。要切换到新布局，只要单击布局选项卡即可。

4. 将某一布局置为当前布局

执行以下操作之一将布局置为当前：

（1）单击要设置为当前布局的布局选项卡。

（2）按"Ctrl + Page Down"组合键在布局选项卡中从左到右循环切换，或者按"Ctrl + Page Up"组合键在布局选项卡中从右到左循环切换，停在要置为当前的布局选项卡上即可。

【小结】

图纸空间是 AutoCAD 软件的一个重要工具，在这一空间可以进行视口设置和视口比例设置，因此图纸空间可以打印出模型空间无法实现的复杂效果。

11.5 任务3——三维实体转二维视图

【任务要求】

（1）启动 AutoCAD 2012，打开模块 10 中绘制好的三维实体图。

（2）在图纸空间用创建 4 个"视口"的方法生成三视图和轴测图，并进行打印设置，将它们打印到一张图纸上。

【思考问题】

（1）由三维实体生成三视图的方法有哪些？

（2）如何准确地输出 1:2、1:3、1:5、2:1 等比例的图样？

参考答案

问题 1：AutoCAD 将三维实体图形转换为二维三视图的方法也有多种途径。一种方法是先用"VPorts"命令创建数个二维视图视口，再用创建实体轮廓线命令"Solprof"在每个创建的视口中分别生成实体模型的轮廓线。另一种方法是先用创建实体视图命令"Solview"在图纸空间中生成实体模型的各个二维视图视口，再用创建实体图形命令"Soldraw"，在每个视口中分别生成实体模型的轮廓线。

问题 2：确定打印比例的方法有：（1）在图纸空间使用缩放命令"Zoom nxp"，其中的 n 就是比例系数。例如：Zoom 1/2xp 即为 1:2 的比例。（2）在视口工具栏的"比例"下拉列表选取所需比例。

【操作步骤】

（1）打开"三维实体"图形文件。该图形中应加载"Hidden（虚线）"线形。双击 AutoCAD 2012 快捷图标，启动 AutoCAD 软件。按"Ctrl + O"组合键，在"选择文件"对话框中选择"SX10- 002. dwg"。执行"文件→另存为"命令，将图形以"底座三维转三视图. dwg"为文件名保存。

（2）更改用户坐标系为视图。单击"布局 1"标签，进入图纸空间，如图 11 - 9 所示。以"轴测"命名保存当前 UCS。单击"视图"选项卡中"坐标"面板的"UCS"工具，在命令提示"指定 UCS 的原点或 ［面（F）/命名（NA）/对象（OB）/上一个（P）/视图（V）/世界（W）/X/Y/Z? Z 轴（ZA）］ <世界 >:"后输入"V"，按回车键。更改用户坐标系为视图。

（3）进入图纸空间，删除视口。输入"E"后按回车键。单击视口线上任一点，按回车键。

（4）使用"Solview"命令创建俯视图视口。输入"Solview"，在命令提示"［UCS（U）/正交（O）/辅助（A）/截面（S）］:"后，输入"U"，按回车键，选择用户坐标系。在命令提示"［命名（N）/世界（W）/当前（C）］ <当前 >:"后，输入"W"，按回车键，使用世界坐标系创建视口。在"输入视图比例 <1 >"后，直接按回车键。在提示"指定视图中心:"时，在左下角安放俯视图的适当位置单击，确定俯视图视口的中心位置。在提示"指定视图中心 <指定视口 >:"后，直接按回车键。在提示"指定视口的第一个角点:"时，单击俯视图左上角点，在提示"指定视口的对角点:"后，拖曳到俯视图右下角点处单击鼠标。输入视图名称"俯视图"，按回车键，如图 11 –10 所示。

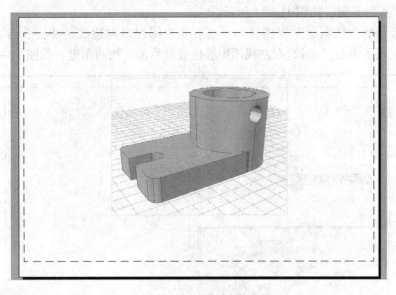

图 11 – 9　图纸空间

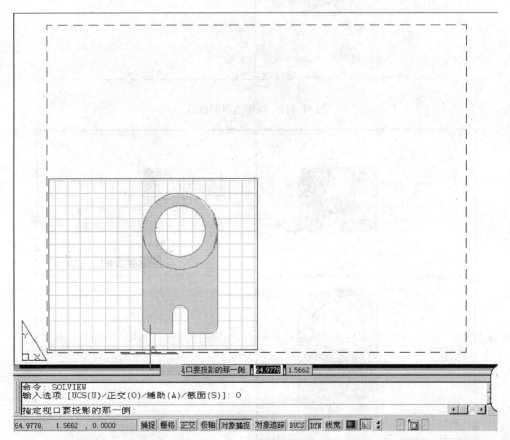

图 11 – 10　创建俯视图视口

（5）创建主视图视口。在命令提示"［UCS（<u>U</u>）/正交（<u>O</u>）/辅助（<u>A</u>）/截面（<u>S</u>）］:"后，输入"O"，按回车键，选择"正交"模式。在提示"视口要投影的那一侧:"时，捕捉俯视图视口下边线的中点，如图 11 – 10 所示。在提示"指定视图中心:"时，在主视图中心位置单击，按回车键，如图 11 – 11 所示。

（6）用类似的方法创建左视图视口。捕捉主视图视口左边线的中点，参见图 11 – 11。在提示"指定视图中心:"时，在左视图中心位置处单击，按回车键，如图 11 – 12 所示。

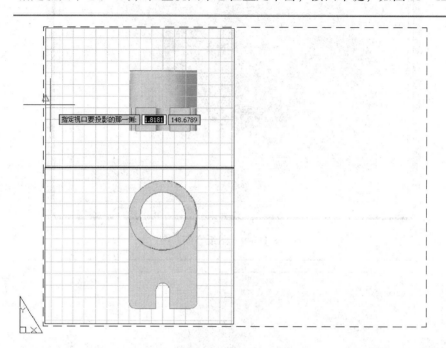

图 11 – 11　创建主视图视口

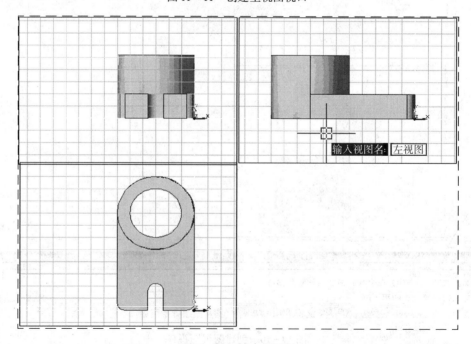

图 11 – 12　创建左视图

（7）创建轴测图视口。输入"Solview"，在命令提示"［UCS(U)/正交（O）/辅助（A）/

截面（S）]:"后，输入"U"，按回车键，输入"N"，按回车键。在提示"输入要恢复的 UCS 名:"后，输入名称"轴测"，按回车键。在提示"指定视图中心:"时单击左视图下面适当位置，按回车键。输入视图名"底座轴测图"，如图 11－13 所示。

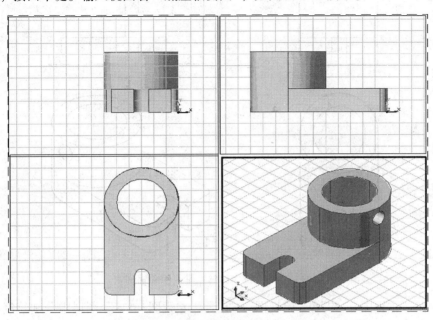

图 11－13　创建底座轴测图

（8）生成实体轮廓线。输入创建实体图形命令"Soldraw"，按回车键。在提示"选择对象:"后，分别单击俯视图、主视图、左视图和轴测图的视口边框，在提示"找到 1 个，共计 4 个"后，按回车键确定。

（9）关闭"不可见轮廓线"等图层。输入"LA"，按回车键。关闭"0"层（实体模型层）、"轴测图—HID"层（不可见轮廓线）及"VPorts"层。将"主视图—HID"、"俯视图—HID"、"左视图—HID"图层的线型设置为"ACAD_IS002W100"，如图 11－14 所示。

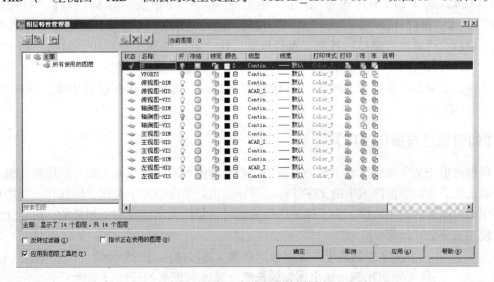

图 11－14　自动生成的图层

生成的视图和轴测图如图 11 – 15 所示。

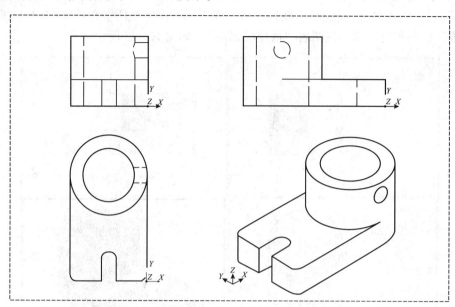

图 11 – 15　三维实体转二维视图和轴测图

（10）在"主视图—VIS"、"俯视图—VIS"、"左视图—VIS"图层中分别绘制相应视图的中心线并标注尺寸，在"特性工具栏"中修改线型、颜色等。

（11）对齐视图，保存图形，并打印到图纸。输入对齐命令"MVSetup"，将视图对齐。单击"布局1"选项卡，用鼠标右键单击"布局1"选择"页面设置"管理器，单击"新建"按钮，在弹出的"新页面设置"对话框中单击"确定"按钮。出现"页面设置布局1"对话框，在"打印机/绘图仪"标签中，选择系统安装的打印机。若未安装，则选择电子打印机"DWF6 eplot. pc3"。在"打印样式表"中，选择"acad. ctb"作为默认的打印样式表，在系统弹出的"问题"对话框中单击"是"按钮。在"图纸尺寸（Z）"选项中选"ISO A3（420. 00 × 297. 00）毫米"，在"图形方向"选项中选"横向"，在"打印范围（W）"下选"窗口（O）"，单击"窗口"按钮，这时光标变成十字形，框选要打印的图形。要改变窗口，可单击"窗口"按钮，重新框选。在"打印偏移"选项中，勾选"居中打印（C）"，在"打印比例"中，勾选"布满图纸"，"单位"选择"毫米"。执行"文件→保存"命令。打开打印机电源，单击"打印预览"按钮，若满意则在视口中单击鼠标右键，选择"打印"。

【知识链接与操作技巧】

调整图形中文字和标注输出比例的技巧：当绘制图形的比例与输出图形使用的比例不同时，就会使原来绘制的图形中的文字、标注等在输出的图形中发生变化，因此在绘制图形之前还须确定图形的输出比例。为了保证图形输出时文字的大小是我们所想要的，应在文字建立时使用如下公式计算：

文字绘制高度 = 文字输出高度×图形输出比例的倒数

图形输出比例 = 输出图幅的长度（宽度）/图幅的长度（宽度）

例如，我们按1:1的比例绘制一图幅为 A0 的图形，当准备按 A1 的图幅输出时，则图形的输出比例为：841:1 189≈0.71，则绘制文字时其高度值应扩大为 1/0.71≈1.41 倍，才能保证想要的输出高度。对于已经绘制好的文字，可以用 Scale 命令来修改其比例。同理，绘制图线的宽度也应该考虑这点，其给定宽度等于输出宽度乘以其比例的倒数。

11.6　拓展延伸

1. 由三维实体生成剖视图

由三维实体生成剖视图的方法与转换成视图的步骤类似。先打开三维实体图形文件，另存为"剖视图.dwg"。进入图纸空间，删除整个视口。使用"Solview"创建视口，将视口中的立体图形转换为相应的"视图"（可执行"视图"→"三维视图"→"主视图"命令）。在命令提示"［UCS(U)/正交（O）/辅助（A）/截面（S）:"后，输入"S"，按回车键，在提示"指定剖切平面的第一个点"时，选择剖切平面上的一个点，在提示"指定剖切平面的第二个点"时，选择剖切平面上的另一个点，选中的两点即确定了剖切位置。在提示"要从哪侧查看:"时，单击剖切位置线与剖视图的异侧任一点，设置比例为"1"，指定视口的中心和范围，输入视图名称为"剖视图"。关闭"0"层、"剖视图—HID"层、"VPORTS"层和其他视图的"×视图—HID"层，用"Soldraw"命令生成轮廓线和剖面线。新建图层，补画中心线，将视图对齐。

2. 发布 DWF 文件

DWF 是一种经过压缩的文件格式，是 AUTODESK 公司为了减小在 Internet 上的传输量而专门设计的，它的大小通常只有相同 DWG 文件的 1/9 左右。由于 DWF 文件比 DWG 文件小，因而在网络上传输速度快，且 DWF 格式的文件更为安全。

DWF 文件支持图形文件的实时移动和缩放，并支持控制图层、命名视图和嵌入链接显示效果。DWF 文件是矢量压缩格式的文件，可提高图形文件打开和传输的速度，缩短下载时间。以矢量格式保存的 DWF 文件，完整地保留了打印输出属性和超链接信息，并且在进行局部放大时，基本能够保持图形的准确性。

（1）输出 DWF 文件。要输出 DWF 文件，必须先创建 DWF 文件，在这之前还应创建 ePlot 配置文件。使用配置文件 ePlot.pc3 可创建带有白色背景和纸张边界的 DWF 文件。

通过 AutoCAD 的 ePlot 功能，可将电子图形文件发布到 Internet 上，所创建的文件以 Web 图形格式（DWF）保存。用户可在安装了 Internet 浏览器和 Autodesk WHIP! 4.0 插件的任何计算机中打开、查看和打印 DWF 文件。DWF 文件支持实时平移和缩放，可控制图层、命名视图和嵌入超链接的显示。

（2）在外部浏览器中浏览 DWF 文件。如果在计算机系统中安装了 4.0 或以上版本的 WHIP! 插件和浏览器，则可在 Internet Explorer 或 Netscape Communicator 浏览器中查看 DWF 文件。如果 DWF 文件包含图层和命名视图，还可在浏览器中控制其显示特征。

（3）将图形发布到 Web 页。在 AutoCAD 2007 中，执行"文件→网上发布"命令，可以方便、迅速地创建格式化 Web 页，该 Web 页包含有 AutoCAD 图形的 DWF、PNG 或 JPEG 等格式图像。一旦创建了 Web 页，就可以将其发布到 Internet。

习题 11

根据图 11 - 16 所示轴承座的三视图和轴测图，建立其三维实体模型，再将三维模型转换为二维平面的三视图和轴测图。

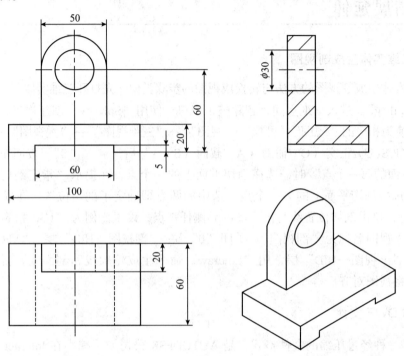

图 11 - 16　练习题图

AutoCAD 常见命令和快捷键一览表

序号	命令全称	命令的意义与作用	命令别名（快捷键）	绘图命令	编辑命令
1	3DArray	创建三维阵列	3A		√
2	3DFace	创建三维面	3F	√	
3	3DOrbit	控制在三维空间中交互式查看对象	3DO		
4	3DPoly	在三维空间中使用 "连续" 线型创建由直线段组成的多段线	3P	√	
5	Adcenter	管理内容	ADC		
6	Align	在二维和三维空间中将某对象与其他对象对齐	AL		√
7	Appload	加载或卸载应用程序并指定启动时要加载的应用程序	AP		
8	Arc	创建圆弧	A	√	
9	Area	计算对象或指定区域的面积和周长	AA		
10	Array	创建按指定方式排列的多重对象副本	AR		√
11	ATTDEF	创建属性定义	ATT	√	
12	Attedit	改变属性信息	ATE		√
13	Attext	提取属性数据	ATT		
14	Bhatch	使用图案填充封闭区域或选定对象	H、 BH	√	
15	Block	根据选定对象创建块定义	B	√	
16	Boundary	从封闭区域创建面域或多段线	BO	√	
17	Break	部分删除对象或把对象分解为两部分	BR		√
18	Chamfer	给对象的边加倒角	CHA		√
19	Change	修改现有对象的特性	CH		√
20	Circle	创建圆形	C	√	
21	Color	定义新对象的颜色	COL		
22	Copy	复制对象	CO、 CP		√
23	Dbconnect	为外部数据库表提供 AutoCAD 接口	DBC		
24	Ddedit	编辑文字和属性定义	ED	√	
25	Ddvpoint	设置三维观察方向	VP		

续表

序号	命令全称	命令的意义与作用	命令别名（快捷键）	绘图命令	编辑命令
26	Dimaligned	创建对齐线性标注	DAL	√	
27	Dimangular	创建角度标注	DAN	√	
28	Dimbaseline	从上一个或选定标注的基线处创建线性、角度或坐标标注	DBA		
29	Dimcenter	创建圆和圆弧的圆心标记或中心线	DCE	√	
30	Dimcontinue	从上一个或选定标注的第二尺寸界线处创建线性、角度或坐标标注	DCO	√	
31	Dimdiameter	创建圆和圆弧的直径标注	DDI	√	
32	Dimedit	编辑标注	DED		√
33	Dimlinear	创建线性尺寸标注	DLI	√	
34	Dimordinate	创建坐标点标注	DOR	√	
35	Dimoverride	替代标注系统变量	DOV		
36	Dimradius	创建圆和圆弧的半径标注	DRA	√	
37	Dimstyle	创建或修改标注样式	D		√
38	Dimtedit	移动和旋转标注文字	DIMTED		√
39	Dist	测量两点之间的距离和角度	DI		
40	Divide	将点对象或块沿对象的长度或周长等间隔排列	DIV		√
41	Donut	绘制填充的圆和环	DO	√	
42	Draworder	修改图像和其他对象的显示顺序	DR		√
43	Dsettings	指定捕捉模式、栅格、极坐标和对象捕捉追踪的设置	DS、 RM、 SE		
44	Dsviewer	打开"鸟瞰视图"窗口	AV		
45	Dview	定义平行投影或透视视图	DV	√	
46	Ellipse	创建椭圆或椭圆弧	EL	√	
47	Erase	从图形中删除对象	E		√
48	Explode	将组合对象分解为对象组件	X		√
49	Export	以其他文件格式保存对象	EXP		
50	Extend	延伸对象到另一对象	EX		√
51	Extrude	通过拉伸现有二维对象来创建三维原型	EXT	√	
52	Fillet	给对象的边加圆角	F		√
53	Filter	创建可重复使用的过滤器以便根据特性选择对象	FI		
54	Group	创建对象的命名选择集	G		√
55	Hatch	用图案填充一块指定边界的区域	H	√	
56	Hatchedit	修改现有的图案填充对象	HE		√
57	Hide	重生成三维模型时不显示隐藏线	HI		√
58	Image	管理图像	IM		
59	Imageadjust	控制选定图像的亮度、对比度和褪色度	IAD		√

序号	命令全称	命令的意义与作用	命令别名（快捷键）	绘图命令	编辑命令
60	Imageattach	向当前图形中附着新的图像对象	IAT		√
61	Imageclip	为图像对象创建新剪裁边界	ICL		√
62	Import	向 AutoCAD 输入文件	IMP	√	
63	Insert	将命名块或图形插入到当前图形中	I	√	
64	Interfere	用两个或多个三维实体的公用部分创建三维复合实体	INF		√
65	Intersect	用两个或多个实体或面域的交集创建复合实体或面域并删除交集以外的部分	IN		√
66	Insertobj	插入链接或嵌入对象	IO	√	
67	Layer	管理图层和图层特性	LA	√	
68	Layout	创建新布局，重命名、复制、保存或删除现有布局	LO		√
69	Leader	创建一条引线将注释与一个几何特征相连	LEAD	√	
70	Lengthen	拉长对象	LEN		√
71	Line	创建直线段	L	√	
72	Linetype	创建、加载和设置线型	LT	√	
73	List	显示选定对象的数据库信息	LI、LS		
74	Ltscale	设置线型比例因子	LTS		√
75	Lweight	线宽设置	LW		√
76	Matchprop	设置当前线宽、线宽显示选项和线宽单位	MA		√
77	Measure	将点对象或块按指定的间距放置	ME		√
78	Mirror	创建对象的镜像副本	MI		√
79	Mline	创建多重平行线	ML		√
80	Move	在指定方向上按指定距离移动对象	M		√
81	Mspace	从图纸空间切换到模型空间视口	MS		
82	Mtext	创建多行文字	T、MT	√	
83	Mview	创建浮动视口和打开现有的浮动视口	MV		
84	Offset	偏移命令（创建同心圆、平行线和平行曲线）	O		√
85	Options	自定义 AutoCAD 设置	GR、OP、PR		
86	Osnap	设置对象捕捉模式	OS		
87	Pan	移动当前视口中显示的图形	P		
88	Pastespec	插入剪贴板数据并控制数据格式	PA		
89	Pedit	编辑多段线和三维多边形网格	PE		
90	Pline	创建二维多段线	PL	√	
91	Print	将图形打印到打印设备或文件	PLOT		
92	Point	创建点对象	PO	√	
93	Polygon	创建闭合的等边多段线	POL	√	
94	Preview	显示打印图形的效果	PRE		

续表

序号	命令全称	命令的意义与作用	命令别名（快捷键）	绘图命令	编辑命令
95	Properties	控制现有对象的特性	CH、MO		√
96	Propertiesclose	关闭"特性"窗口	PRCLOSE		
97	Pspace	从模型空间视口切换到图纸空间	PS		
98	Purge	删除图形数据库中没有使用的命名对象，如块或图层	PU		√
99	Qleader	快速创建引线和引线注释	LE	√	
100	Quit	退出 AutoCAD	EXIT		
101	Rectang	绘制矩形多段线	REC	√	
102	Redraw	刷新显示当前视口	R		
103	Redrawall	刷新显示所有视口	RA		
104	Regen	重生成图形并刷新显示当前视口	RE		
105	Regenall	重新生成图形并刷新所有视口	REA		
106	Region	从现有对象的选择集中创建面域对象	REG		
107	Rename	修改对象名	REN		√
108	Render	创建三维线框或实体模型的具有真实感的渲染图像	RR	√	
109	Revolve	绕轴旋转二维对象以创建实体	REV	√	
110	Rpref	设置渲染系统配置	RPR		
111	Rotate	绕基点移动对象	RO		√
112	Scale	在 X、Y 和 Z 方向等比例放大或缩小对象	SC		√
113	Script	用脚本文件执行一系列命令	SCR		
114	Section	用剖切平面和实体截交创建面域	SEC	√	
115	Setvar	列出系统变量并修改变量值	SET		
116	Slice	用平面剖切一组实体	SL		
117	Snap	规定光标按指定的间距移动	SN		
118	Solid	创建二维填充多边形	SO	√	
119	Spell	检查图形中文字的拼写	SP		
120	Spline	创建二次或三次（NURBS）样条曲线	SPL	√	
121	Splinedit	编辑样条曲线对象	SPE		√
122	Stretch	移动或拉伸对象	S		√
123	Style	创建或修改已命名的文字样式以及设置图形中文字的当前样式	ST		√
124	Subtract	用差集创建组合面域或实体	SU		√
125	Tablet	校准、配置、打开和关闭已安装的数字化仪	TA		
126	Thickness	设置当前三维实体的厚度	TH	√	
127	Tilemode	使"模型"选项卡或最后一个布局选项卡当前化	TI、TM		
128	Tolerance	创建形位公差标注	TOL	√	
129	Toolbar	显示、隐藏和自定义工具栏	TO		